수학 교과서
개념 읽기

그래프
막대그래프에서 미분까지

막대그래프에서 미분까지

그래프

수학 교과서
개념 읽기

김리나 지음

창비

‘수학 교과서 개념 읽기’ 시리즈의 집필 과정을 응원하고
지지해 준 모든 분에게 감사드립니다.
특히 제 삶의 버팀목이 되어 주시는 어머니,
인생의 반려자이자 학문의 동반자인 남편,
소중한 선물 나의 딸 송하,
사랑하고 고맙습니다.

흔히들 수학을 잘하기 위해서는 수학의 개념을 잘 이해해야 한다고 말합니다. 그렇다면 '수학의 개념'이란 무엇일까요?

학생들에게 정사각형의 개념이 무엇이냐고 물으면 아마 대부분 "네 각이 직각이고, 네 변의 길이가 같은 사각형"이라고 이야기할 겁니다. 하지만 이는 수학적 약속 또는 정의이지 수학의 개념은 아니랍니다.

수학적 정의는 그 대상을 가장 잘 설명할 수 있는 대표적인 특징을 한 문장으로 요약한 것이라 할 수 있습니다. 따라서 나라마다 다를 수 있고 시대에 따라 달라지기도 합니다. 예를 들어, 정사각형을 '네 각이 직각인 평행사변형'이라고 정의할 수도 있고, '네 변의 길이가 같은 직사각형'이라고 정의할 수도 있지요.

반면 수학의 개념은 여러 가지 수학 지식들이 서로 의미 있게 연결된 상태를 의미합니다. 예를 들어 정사각형을 이해하기 위해서는 점, 선, 면의 개념을 알고 있어야 하고, 각과 길이의 개념도 이해해야 합니다. 또한 정삼각형이나 정육각형 같은 다른 정다각형의 개념도 알아야 이를 정사각형과 구분할 수 있겠지요. 따라서 '수학의 개념을 안다'는 것은 관련된 여러 가지 수학 내용들을 의미 있게 조직할 수 있음을 의미합니다.

하지만 여러 가지 수학 지식들의 공통점과 차이점, 그 외의 연관성들을 이해하고 이를 올바르게 조직하여 하나의 '수학적 개념'을 완성하는 것은 쉬운 일이 아닙니다. 하나의 수학 개념을 이해하기 위해 수와 연산, 도형, 측정과 같은 여러 가지 영역의 지식이 복합적으로 사용되기 때문입니다. 중학교 1학년에서 배우는 수학 개념을 알기 위해 초등학교 3학년에서 배웠던 지식이 필요한 경우도 있지요.

'수학 교과서 개념 읽기'는 수학 개념을 완성하는 것을 목표로 하는 책입니다. 초·중·고 여러 학년과 여러 수학 영역에 걸친 다양한 수학적 지식들이 어떻게 연결되어 있는지를 설명하고 있지요. 초등학교에서 배우는 아주 기초

적인 수학 개념부터 고등학교에서 배우는 수준 높은 수학 개념까지, 그 관련성을 중심으로 구성되어 있습니다.

'수학 교과서 개념 읽기'는 수학 개념을 튼튼히 하고 싶은 모든 사람에게 유용한 책입니다. 까다로운 수학 개념도 초등학생이 이해할 수 있도록 여러 가지 그림과 다양한 사례를 통해 쉽게 설명하고 있으니까요. 제각각인 듯 보였던 수학 지식이 어떻게 서로 연결되어 있는지 이해하는 과정을 통해 수학이 단순히 어려운 문제 풀이 과목이 아닌 오랜 역사 속에서 수많은 수학자들의 노력으로 이룩된, 그리고 지금도 변화하고 있는 하나의 학문임을 깨닫게 되기를 희망합니다.

2021년 1월
김리나

그래프를 이용하면 복잡한 자료를 보기 쉽게 정리할 수 있습니다. 그 편리성 때문에 우리는 수학 시간뿐 아니라 일상생활에서도 그래프를 사용합니다.

이 책에서는 학교에서 배우는 여러 가지 그래프를 차이점을 중심으로 살펴볼 것입니다. 막대그래프, 그림그래프와 같이 자료의 정리를 목적으로 그리는 그래프와 $y = x + 1$과 같은 식을 도형으로 나타내는 그래프는 서로 다른 수학적 내용을 담고 있습니다.

'그래프'라는 동일한 이름으로 모든 것을 배우다 보니 그래프의 정확한 의미를 이해하지 못하는 경우가 발생하고는 하지요. 각 그래프가 무엇을 지칭하고 있으며 서로 어떻게 다른지를 생각하며 이 책을 읽어 나가길 바랍니다.

1부 자료와 그래프

2부 도형과 식이 만나는 곳, 좌표평면

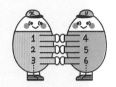

3부 함수와 그래프

4부 그래프의 변화와 미분

그림으로 보여 주기

그래프(graph)는 여러 가지 자료를 분석하여 그 변화를 한눈에 알아볼 수 있도록 나타내는 직선이나 곡선을 의미합니다. 자료의 내용을 일일이 설명하지 않아도 한눈에 파악할 수 있도록 도와주는 표현 방법이지요. 직선과 곡선 외에도 원, 사각형 등 다양한 도형을 이용하기도 합니다.

우리는 생활 속에서 쉽게 그래프를 접할 수 있습니다. 포털 사이트에 소개된 오늘의 날씨부터, 신문과 뉴스 속 여러 기사까지 그래프를 찾아볼 수 있는 곳은 너무나 많습니다.

그런데 수학 교과서에 나오는 그래프는 우리 주변에서 볼 수 있는 그래프와 비슷한 듯하면서도 어딘지 모르게 어려워 보입니다. 그래프 옆에 복잡한 식이 쓰여 있는 경우도 있고요. 실생활에서는 쉽게 이해되는 그래프가 수학 시간에는 어렵게 느껴지는 이유는 무엇일까요? 그 이유는 **사용되는 그래프의 종류가 서로 다르기 때문이랍니다.**

우리가 수학 교과서에서 배우는 그래프는 차트(chart)와 그래프(graph)를 모두 포함합니다. 우리 교과서에서는 모두 그래프로 부르지만, 영어에서는 둘을 구별해서 사용합니다. **차트는 여러 자료를 알기 쉽게 정리한 도표입니다.** 종이를 의미하는 라틴어 카르타(charta)에서 유래한 단어로 1800년대 유럽에서 정보가 체계적으로 정리되어 있는 문서를 일컫는 말이었습니다. 우리가 일상에서 만나는 그래프 중에는 차트가 많습니다. 다음과 같이 '가재마을 야생 동물 개체 수'를 나타낸 그래프와 '거북이 분식 메뉴 주문 비율'을 나타낸 그래프는 차트, 즉 도표에 해당합니다.

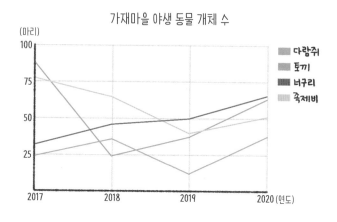

가재마을 야생 동물 개체 수

(마리)

범례: 다람쥐, 토끼, 너구리, 족제비

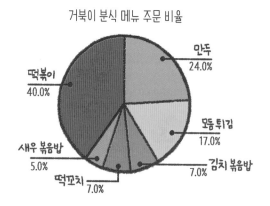

거북이 분식 메뉴 주문 비율

만두 24.0%
떡볶이 40.0%
모듬 튀김 17.0%
김치 볶음밥 7.0%
새우 볶음밥 5.0%
떡꼬치 7.0%

반면 영어에서 그래프는 그래픽 포뮬러(graphic formula)의 줄임말이에요. **수학에서 사용되는 식을 좌표평면 위에 직선이나 곡선으로 나타낸 것을 그래프라고 합니다.** 예를 들어 다음 그림처럼 $y = \sqrt{x}$ 라는 식을 그래프로 표현한 것이 여기에 해당됩니다.

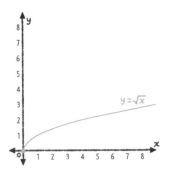

즉, 우리가 생활 속에서 자주 보는 것은 복잡한 자료들을 보기 좋게 정리한 '차트'이고, 수학 시간에 식과 함께 보는 그림은 '그래프'라고 할 수 있어요. 그래프는 도형을 다루는 기하학, 수와 식을 다루는 대수학 등 수학의 여러 영역들이 통합되어 만들어진 개념이랍니다.

보여 주는 대상은 다르지만 그 역할이 비슷하기 때문에 우리 수학 교과서에서는 굳이 둘을 구분하지 않는답니다. 모두 다 '그래프'라고 부르지요. 하지만 **자료를 정리해서 보여 주는 그래프(차트, 도표)와 여러 가지 식을 그림으로 보여 주는 그래프의 차이점을 유의할 필요는 있습니다.** 이 둘의 차이를 알면 수학 교과서 속 여러 가지 그래프를 한결 수월하게 이해할 수 있습니다.

이 책은 총 4부로 구성되어 있습니다. 1부에서는 꺾은선그래프, 막대그래프 등 자료를 한눈에 이해할 수 있도록 정리해 보여 주는 그래프의 종류와 특징에 대해 살펴볼 것입니다.

2부와 3부에서는 식을 좌표평면 위에 도형으로 나타내는 그래프에 대해 살펴봅니다. 먼저 2부에서는 좌표평면의 개념과 좌표평면 위에 도형을 그리는 것의 의미를 생각해 볼 거예요. 2부의 내용을 토대로 3부에서는 식을 그래프로 나타내는 방법을 알아봅니다. 식을 좌표평면 위에 정확하게 도형으로 만들어 내는 것은 건축물 설계 등 실생활에서 중요하게 사용되는 수학 지식입니다. 물론 식을 그래프로 나타내는 데 꼭 필요한 함수 개념도 살펴볼 거예요. 모든 식이 그래프로 그려지는 것은 아니기 때문에 그래프로 나타낼 수 있는 식을 함수로 표현하지요.

마지막으로 4부에서는 그래프의 변화를 설명하는 데 필요한 미분에 대해 살펴볼 것입니다. 미분의 개념은 그래프뿐만 아니라 우리 일상생활에서 다양하게 활용되고 있지요.

1부

자료와 그래프

그래프를 활용하면 자료를 정리해서 한눈에 보기 좋게 나타낼 수 있습니다. 여러 가지 그래프에 대해 잘 알고 있으면 자료의 특징과 사용 목적에 적합한 그래프를 선택할 수 있습니다. 또한 표현하고자 하는 내용을 더 효과적인 방법으로 제시할 수 있습니다.

여러 가지 그래프

막대그래프, 그림그래프, 원그래프 등 그래프의 종류는 다양합니다. 현실에서는 우리가 교과서에서 배우는 그래프 이외에도 수많은 종류의 그래프가 사용됩니다. 그래프는 자료의 특징이 잘 보이도록 정리해서 나타내는 것이기 때문에 자료의 특징과 사용 목적에 따라 다양하고 새로운 모양을 얼마든지 만들 수 있습니다.

어떤 자료를 그래프로 나타낼 때, 중요하게 따져 봐야 하는 것이 하나 있습니다. 자료가 이산량인지 연속량인지 살펴보는 것입니다. 이산량은 '떼어 놓다'라는 의미의 한자 이(離), '흩어 놓다'라는 의미의 한자 산(散)에 수량을 나타내는 한자 량(量)을 합쳐서 만든 단어입니다. **사과의**

개수, 영화관의 관객 수 등 낱개로 떼어 셀 수 있는 양을 이산량이라고 합니다. 이산량은 1개, 2개, 3개 또는 1명, 2명, 3명과 같이 개수로 나타낼 수 있습니다.

반면 연속량은 '이어지다'라는 의미의 한자 연(連), '잇다'라는 의미의 한자 속(續)에 수량을 나타내는 한자 량(量)을 합쳐서 만든 단어입니다. **연속량은 키와 몸무게처럼 낱개로 나타낼 수 없는, 연속된 양을 의미합니다. 연속량을 나타내려면 센티미터(cm), 킬로그램(kg)과 같이 별도의 측정 단위가 필요합니다.**

자료가 이산량인지, 연속량인지에 따라 알맞은 그래프의 모양이 달라질 수 있습니다. 다양한 그래프가 어떤 특징을 가진 자료를 표현하는지 함께 살펴봅시다.

1. 그림그래프

다음 그래프를 볼까요? 각 지역의 인구수를 사람 모양의 아이콘으로 표시했습니다. 이처럼 **숫자를 아이콘의 크기로 보여 주며 자료를 쉽게 이해할 수 있도록 나타낸 그래프를 그림그래프라고 합니다.**

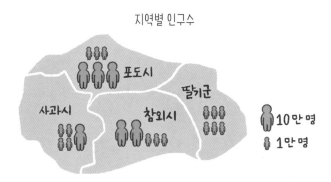

지역별 인구수

이 그래프에서 큰 사람 모양의 기호( )는 10만 명, 작은 사람 모양 기호( )는 1만 명을 나타내지요. 따라서 포도시에는 33만 명, 딸기군에는 6만 명이 산다는 것을 그림을 통해 알 수 있어요.

그림그래프는 사람의 수, 사과의 개수와 같은 이산량을 한눈에 보기 쉽게 정리하는 데 사용됩니다. 반면에 하루의 기온 변화, 1년 동안의 몸무게 변화 같은 연속량을 나타내기에는 적절하지 않습니다. 다음과 같이 몸무게의 변화를 그림그래프로 나타낸다고 해 봅시다. 2월에 비해 3월에 무게가 증가한 것 같기는 한데, 그림만 봐서는 정확히 차이가 어느 정도인지 알기가 어렵습니다.

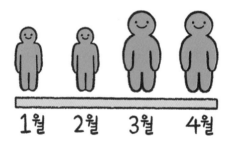

1일부터 4월까지의 몸무게 변화

그림그래프는 보는 재미가 있고 이해하기 쉽다는 장점도 있어요. 하지만 큰 수를 정확하게 나타내기 어렵다는 단점이 있습니다. 예를 들어, 포도시에 정확하게 33만 명이 사는 것은 아닙니다. 1만 명보다 작은 숫자, 즉 천, 백, 십, 일의 자리까지의 숫자를 나타내기 위해서는 각 자릿값마다 새로운 기호를 만들어야 하기 때문에 생략한 것입니다. 너무 많은 기호가 사용되면 오히려 그림그래프로 나타내는 것이 더 복잡하기 때문에 임의의 자릿값에서 올림, 버림, 또는 반올림한 값으로 그림그래프를 그립니다.

또한 그림그래프는 보기에는 좋지만 막상 정확하게 그리기는 까다롭습니다. 일반적으로 그림그래프에서 사용되는 그림의 크기는 수의 크기를 나타냅니다. 따라서 그림의 크기와 비율을 정확하게 그려야 합니다. 예를 들어, 그림그래프에서 작은 원이 10명을 나타내고 작은 원의 10배 크기의 큰 원이 100명을 나타낸다고 생각해 보세요. 10명과 100명을 구분하려면 작은 원과 큰 원의 크기를 정확하게 그려야겠지요? 이를 손으로 그리는 것은 어렵기 때문에 그림그래프를 그릴 때는 일반적으로 컴퓨터 등 정교하게 그릴 수 있는 도구를 사용합니다.

2. 막대그래프

이어서 살펴볼 그래프는 막대그래프입니다. **막대그래프는 사각형 모양의 막대를 이용해 자료의 크기를 나타내는 그래프입니다.** 그림그래프와 마찬가지로 사람의 수, 사과의 개수 등의 이산량을 나타내기에 적절합니다. 그림그래프에 비해 딱딱해 보이지만 그리기 쉽다는 장점이 있습니다.

우리 반 친구들이 좋아하는 과일을 조사해서 다음과 같이 표로 정리했습니다.

우리 반 친구들이 좋아하는 과일

오렌지	수박	딸기	블루베리	키위	복숭아
9	6	8	4	7	5

가장 많은 수의 학생이 좋아하는 과일은 무엇인가요? 가장 적은 수의 학생이 좋아하는 과일은요? 표를 찬찬히 살펴보면 답을 알 수 있지만 숫자의 크기를 한눈에 비교해 답하기는 쉽지 않습니다.

이제 같은 자료를 막대그래프로 그려 볼게요. 막대그래프의 왼쪽에는 학생의 수를 나타내고, 아래쪽에는 학생들이 좋아하는 과일을 적었어요. 예를 들어, 복숭아라고 적힌 칸 위의 막대는 높이가 숫자 5까지 올라가 있으니 복숭아를 좋아하는 학생은 5명이라는 것을 알 수 있지요. 막대가 가장 높은 것은 무엇인가요? 오렌지의 막대라는 걸 쉽게 찾을 수 있습니다. 우리 반 친구들 중 가장 많은 수의 학생들이 좋아하는 과일이 오렌지라는 것을 알 수 있지요.

우리 반 친구들이 좋아하는 과일

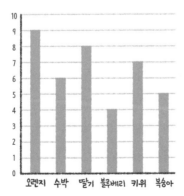

이와 같이 막대그래프는 막대의 높이를 이용해 자료의 크기를 비교할 수도 있지만, 다음 그림처럼 막대의 가로 길이를 이용해 자료의 크기를 나타낼 수도 있어요.

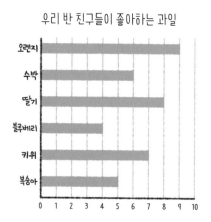

또는 여러 가지 자료를 섞어서 표현할 수도 있지요. 예를 들어, 1반, 2반, 3반 학생들이 좋아하는 과일을 조사했더니 다음 표와 같이 나타났습니다. 이를 막대의 색을 다르게 하여 하나의 막대그래프로 나타낼 수도 있어요.

	오렌지	수박	딸기	블루베리	키위	복숭아
1반	9	6	8	4	7	5
2반	9	7	7	5	8	3
3반	8	7	5	7	9	9

1, 2, 3반 학생들이 좋아하는 과일

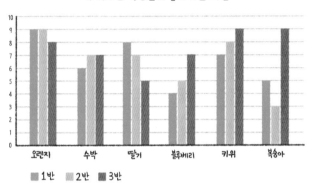

위의 막대그래프에서 파란색 막대는 1반 학생 수를, 노란색 막대는 2반 학생 수를, 빨간색 막대는 3반 학생 수를 나타냅니다. 복숭아를 보니 1반 학생은 5명, 2반 학생은

3명, 3반 학생은 9명이 좋아하는 것을 확인할 수 있습니다. 그런데 각 반 학생들 중 몇 명이 어떤 과일을 좋아하는지 빨리 비교할 수는 있지만, 1, 2, 3반 전체 학생들이 어느 과일을 가장 많이 좋아하는지 빨리 찾기는 어렵습니다. 이때에는 다음 막대그래프처럼 하나의 막대에 3개 반의 조사 내용을 모두 표시할 수도 있어요.

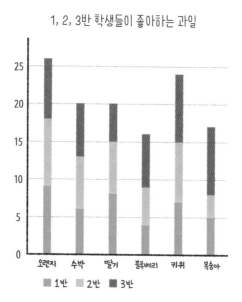

1, 2, 3반 학생들이 좋아하는 과일

3개의 막대를 모두 더해 하나의 막대로 나타내 보니 1, 2, 3반 전체 학생 중 가장 많은 학생이 좋아하는 과일은 오렌지라는 것을 쉽게 찾을 수 있습니다.

그런데 이 그래프는 앞에서 본 막대그래프와 달리 각각의 과일을 1, 2, 3반 학생들이 얼마나 좋아하는지를 빨리 찾기는 어렵습니다. 파란색 막대의 높이는 쉽게 비교할 수 있지만, 노란색 막대는 파란색 막대에 더해서 나타내다 보니 비교하기 힘듭니다. 따라서 이 막대그래프는 1, 2, 3반 전체 학생을 대상으로 좋아하는 과일을 찾을 때는 좋지만, 각 반의 학생들이 좋아하는 과일을 한눈에 비교하기에는 적절하지 않습니다.

이와 같이 **막대그래프는 막대의 방향을 가로로도 세로로도 나타낼 수 있고, 색을 이용해 여러 막대를 하나의 그래프에 나타내기도 합니다.**

막대그래프를 그릴 때 불필요한 구간은 물결선을 이용해 생략할 수도 있습니다. 물결선을 이용하면 차이가 나는 부분을 더 강조하여 표현할 수 있습니다.

국회의원 후보 지지도 조사 결과

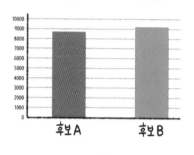

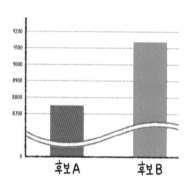

3. 히스토그램

다음은 우리 반 친구들이 좋아하는 과일과 친구들의 키를 조사한 표입니다.

우리 반 친구들이 좋아하는 과일

색	복숭아	키위	블루베리	딸기	수박	오렌지	합계
인원 수	12	9	7	3	4	2	37

우리 반 친구들의 키

키(cm)	인원수
145 이상 ~ 150 미만	15
150 이상 ~ 155 미만	9
155 이상 ~ 160 미만	7
160 이상 ~ 165 미만	2
165 이상 ~ 170 미만	4
합계	37

우리 반 친구들이 좋아하는 과일과 친구들의 키를 막대그래프로 나타낼 수 있을까요? 과일을 좋아하는 인원수는 이산량이니 조사한 내용 모두 각각 막대그래프로 그릴 수 있습니다. 그렇다면 키는 어떨까요? 표가 키순으로 되어 있어 마치 연속량 같습니다. 하지만 '우리 반 친구들의 키'에서 나타내고자 하는 것은 키의 변화가 아니라 각 키에 해당하는 인원수입니다. 따라서 막대그래프로 표현할 수 있지요.

그런데 두 막대그래프에는 중요한 차이가 있습니다. 우리 반 친구들이 좋아하는 과일을 막대그래프로 나타낼 때 과일의 순서는 큰 의미가 없습니다. 복숭아를 좋아하는 학생 수를 가장 먼저 그리든, 키위를 좋아하는 학생 수를 가장 먼저 그리든 상관이 없지요.

하지만 친구들의 키를 조사한 내용을 막대그래프로 나타내는 것은 조금 다릅니다. 145 이상~150 미만을 나타내는 학생 수 바로 옆에 170 이상~175 미만의 학생 수를 표시하는 것보다 150 이상~155 미만의 학생 수를 나타내는 막대를 그리는 것이 더 적절합니다. 145 이상~150 미만과 150 이상~155 미만이 바로 연결되어 있기 때문입니다.

이와 같이 조사 내용이 **길이, 무게, 온도 변화와 같이 연속적으로 연결되어 있어서 막대의 순서가 중요한 그래프를 특별히 히스토그램이라고 합니다.**

우리 반 친구들의 키

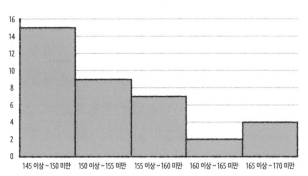

히스토그램은 위 그래프처럼 막대 사이에 빈 공간을 두지 않는 경우가 많습니다. 조사한 자료 값이 서로 연결되어 있다는 것을 나타내지요. 또 이렇게 하면 자료의 전체적인 경향을 파악하는 데에도 유용합니다. 예를 들어, 1반부터 3반까지 학생들의 키를 조사한 내용을 다음과 같이 히스토그램으로 나타냈습니다.

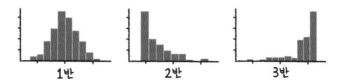

1반   2반   3반

　각 히스토그램의 자료를 일일이 확인하지 않아도 1반
은 아주 작거나 큰 학생들이 적은 반면, 2반은 키가 작은
학생들이 많고, 3반은 키가 큰 학생이 많다는 것을 한눈에
알 수 있습니다.

4. 꺾은선그래프

　꺾은선그래프는 각 수량을 표시한 점들을 선분으로 이어서 그리는 그래프입니다. **꺾은선그래프는 시간에 따른 자료의 변화를 나타내는 데 유용합니다.** 가로축에는 시간을, 세로축에는 자료를 표시하여 시간이 지나감에 따라 자료가 어떻게 변화하는지 보여 줍니다.

　꺾은선그래프는 이산량과 연속량 모두 나타낼 수 있습니다. 예를 들어, 매달 가게에서 판매된 휴대 전화의 개수와 같은 이산량은 다음과 같이 나타낼 수 있습니다.

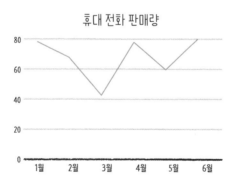

휴대 전화 판매량

시간에 따른 기온 변화와 같은 연속량도 꺾은선그래프로 나타낼 수 있습니다.

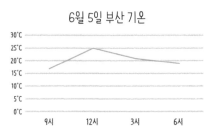

하나의 그래프 안에 선의 색을 다르게 하여 여러 가지 자료를 나타낼 수도 있지요. 예를 들어 A, B, C 세 가게에서 1월부터 6월까지 판매한 휴대 전화 개수의 변화를 나타내는 데 꺾은선그래프를 활용할 수 있습니다.

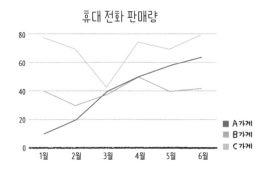

5. 비율그래프

이번에는 **전체에 대한 부분의 비율을 한눈에 알 수 있도록 나타낸 비율그래프**를 알아봅시다. 조금 큰 숫자를 살펴볼게요. A지역 국회의원 선거의 결과를 예측하기 위해 사전 설문 조사를 실시했습니다. 지지하는 후보가 누구인지 물어본 결과는 아래 표와 같았습니다.

국회의원 후보 지지도 조사 결과

후보	A	B	C	D	E	없음
응답자	8700	9300	5100	1500	900	4500

표를 살펴보니 B 후보를 지지하는 사람의 수가 가장 많은 것을 알 수 있습니다. 그런데 이렇게 숫자로만 보니 B 후보를 지지하는 사람의 수가 전체 응답자의 절반 정도 되는지 아니면 그보다 많은지, 혹은 적은지 한눈에 알아보기 어렵습니다. 이와 같이 자료 각각의 수치보다 전체에서 각 자료가 얼마나 차지하는지를 확인하고 싶을 때

비율그래프를 사용할 수 있습니다.

비율그래프에 대해 알아보기 전에, 비율이 무엇인지부터 살펴봅시다. **비율은 전체에 대해 각 부분이 차지하는 양을 나타냅니다.** 비율에서 전체의 양을 기준량, 부분의 양을 비교하는 양이라고 합니다. 사과 1개를 8조각으로 똑같이 나눈 것 중에 하나를 분수로 $\frac{1}{8}$이라고 하는 것과 같이 전체의 양에서 부분의 양이 차지하는 크기는 $\frac{비교하는\ 양}{기준량}$으로 나타낼 수 있습니다. $\frac{1}{8}$을 소수로 나타낼 때에는 분자를 분모로 나누어 $1 \div 8 = 0.125$라고 씁니다. 비율 역시 비교하는 양 ÷ 기준량으로 계산하여 소수로 나타낼 수 있지요.

각 국회위원 후보를 지지하는 사람의 수를 비율로 나타내 봅시다. 먼저 조사에 응답한 사람의 수를 모두 더하니 30000명입니다. 이 숫자는 기준량이 됩니다. 따라서 전체 응답자 중 A 후보를 지지하는 사람의 비율은 $8700 \div 30000$으로 계산할 수 있지요. 같은 방법으로 각 후보를 지지하는 사람의 비율을 구하면 다음 표와 같습니다.

국회의원 후보 지지도 조사 결과

후보	A	B	C	D	E	없음
응답자	8700	9300	5100	1500	900	4500
비율	0.29	0.31	0.17	0.05	0.03	0.15

비율로 나타내 보니 A후보를 지지하는 사람의 수는 전체 응답자의 0.29 즉 $\frac{29}{100}$라는 것을 알 수 있습니다. 전체에서 각 후보를 지지하는 사람의 수를 백분율로 표시해 봅시다.

국회의원 후보 지지도 조사 결과

후보	A	B	C	D	E	없음
응답자	8700	9300	5100	1500	900	4500
비율	0.29	0.31	0.17	0.05	0.03	0.15
백분율	29%	31%	17%	5%	3%	15%

백분율로 나타내니 수의 크기 비교가 한결 수월합니다. 이를 비율그래프를 사용해 표현하면 자료를 좀 더

효과적으로 제시할 수 있습니다. 비율그래프에는 원 모양을 활용한 원그래프, 띠 모양을 사용한 띠그래프가 있습니다.

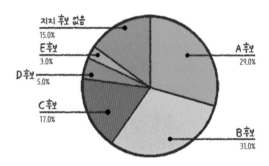

국회의원 후보 지지도 조사 결과(원그래프)

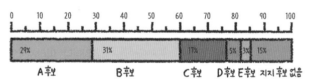

국회의원 후보 지지도 조사 결과(띠그래프)

백분율로 표시하기

백분율은 전체의 수가 100이라고 가정하여 비율을 계산하는 방법입니다.

$$\frac{8700}{30000} = \frac{\square}{100}$$

위의 식에서 30000이 100과 같다면, 8700은 얼마(□)와 같은지를 계산하는 것이지요. 등호(=) 양쪽에 같은 수를 곱해도 등호를 그대로 사용할 수 있는 성질을 이용해 □를 구할 수 있어요. 등호 양쪽에 100을 곱하면 다음과 같습니다.

$$\frac{8700}{30000} \times 100 = \frac{\square}{100} \times 100$$

$$\frac{87}{3} = \square$$

$$29 = \square$$

식을 계산하면 29 = □임을 알 수 있습니다. 그런데 29는 전체를 100으로 생각했을 때 8700이 차지하는 비율입니다. 따라서 29 뒤에 퍼센트(%) 기호를 붙여 29%라고 써야 합니다. 퍼센트 기호는 전체를 100으로 놓고 계산했음을 나타내는 기호입니다.

그래프의 활용

그래프는 자료를 이해하기 쉽게 정리해서 보여 준다는 장점이 있지만, 반대로 그래프를 그리는 사람의 의도에 따라 자료를 과장하거나 왜곡할 위험성도 있습니다.

다음의 표를 나타낸 2개의 그래프를 살펴봅시다.

국회의원 후보 지지도 조사 결과

후보자	A	B
응답자	8756	9123

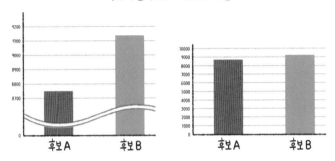

국회의원 후보 지지도 조사 결과

첫 번째 그래프는 물결선을 이용해 막대그래프의 중간 부분을 생략했고, 두 번째 그래프는 물결선 없이 모든 수치를 다 나타냈습니다. 같은 자료를 사용했지만 첫 번째 그래프에서는 두 후보의 지지자 수 차이가 큰 것처럼 표현된 반면, 두 번째 그래프에서는 두 후보자의 지지자 수 차이가 작은 것처럼 표현되었습니다.

이처럼 그래프는 그리는 사람의 의도에 따라 다르게 표현하는 것이 가능합니다. 그래프의 모양을 과장하거나 왜곡해 보는 사람에게 선입견을 줄 수도 있습니다. 따라서 그래프를 볼 때에는 실제 자료의 값이 얼마인지, 그래프에서 어떤 점을 강조하고 있는지를 잘 파악해서 읽어야 합니다.

우리가 살펴본 그래프들 외에도 세상에는 수많은 종류의 그래프가 있습니다. 그래프는 자료를 효과적으로 표현하는 방식이기 때문에 얼마든지 다양한 표현이 가능합니다.

19세기 영국의 간호사 플로렌스 나이팅게일 역시 자신만의 그래프를 만든 것으로 유명합니다. 나이팅게일은 우리에게 간호사로 널리 알려져 있지만, 실은 병원과 의료 제도의 기틀을 세운 행정가이자 유능한 통계학자였습니다. 아직 위생에 대한 개념이 부족하던 시절, 나이팅게일은 병원의 비위생적인 환경이 환자의 상태를 악화시킨다고 판단해, 이와 관련한 보고서를 만들었습니다. 이 보고서에서 나이팅게일은 새로운 통계 그래프를 이용해 영국 군인의 사망자 수와 사망의 원인을 제시했습니다. '장미 그래프'라는 별명을 가진 이 그래프는 19세기에 작성된 그래프 중 최고로 평가받고 있습니다. 그래프는 1년을 12달로 나누는 한편, 사망 원인에 따라 색깔을 구분했습니다.

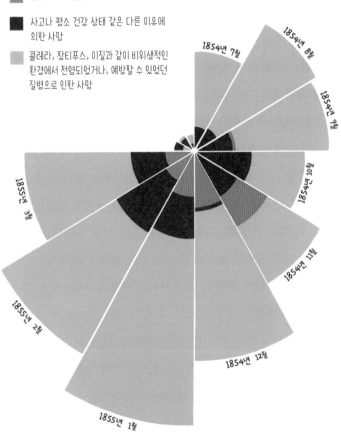

크림 전쟁에서 숨진 병사들의 사망 원인
(1854년 7월~1855년 3월)

전쟁터에서 입은 부상으로 인한 사망

사고나 평소 건강 상태 같은 다른 이유에
의한 사망

콜레라, 장티푸스, 이질과 같이 비위생적인
환경에서 전염되었거나, 예방할 수 있었던
질병으로 인한 사망

1854년 7월
1854년 8월
1854년 9월
1854년 10월
1854년 11월
1854년 12월
1855년 1월
1855년 2월
1855년 3월

파란색 부분은 예방 가능한 질병 또는 전염병으로 인해 사망한 군인의 수를, 빨간색 부분에는 전쟁터에서 입은 부상으로 인해 사망한 군인의 수를, 검정색 부분에는 기타 원인으로 사망한 군인의 수를 나타냈습니다. 나이팅게일의 그래프는 병원 내 비위생적인 환경으로 인해 전염병에 감염되어 죽는 군인들이 많다는 사실을 효과적으로 보여 주었습니다. 이 그래프를 본 영국 정부는 병원의 위생 시설을 개선하려고 노력했습니다.

이렇듯 그래프는 자료의 분석 결과에 대한 작성자의 생각을 더욱 효과적으로 전달하는 도구로 사용될 수 있습니다. 따라서 그래프 자체를 이해하는 것뿐만 아니라 각 그래프의 특성을 파악하고 어떤 그래프로 내가 가진 자료를 나타내는 것이 가장 효과적인지를 생각해 보는 것이 중요합니다.

1. 그래프는 자료의 종류와 특징에 따라 형태가 다양합니다.

   - **그림그래프:** 이산량을 표현할 때 사용. 아이콘의 크기를 이용해 자료의 크기를 비교한다.
   - **막대그래프:** 이산량을 표현할 때 사용. 막대의 길이를 이용해 자료의 크기를 비교한다.
   - **히스토그램:** 이산량을 표현할 때 사용. 자료 내용이 연속적으로 연결되어 있어서 막대의 배치 순서가 중요할 때 사용한다.
   - **꺾은선그래프:** 이산량 또는 연속량을 표현할 때 사용. 시간에 따른 자료의 변화를 나타낸다.
   - **비율그래프:** 이산량 또는 연속량을 표현할 때 사용. 전체에 대한 각 자료의 비율을 나타낸다.

2. 그래프를 그릴 때 자료를 효과적으로 제시하기 위해 물결선을 이용해 불필요한 부분을 생략할 수 있습니다.

3. 그래프는 목적에 따라 2개 이상의 그래프를 섞어서 나타내거나 새로운 형태를 개발하여 사용할 수 있습니다.

4. 그래프는 작성하는 사람의 의도에 따라 왜곡되거나 과장될 수 있습니다. 따라서 그래프를 볼 때에는 자료의 수치를 꼼꼼히 확인해야 합니다.

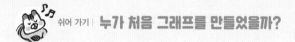

우리가 사용하고 있는 그래프에 대한 아이디어를 처음 제공한 사람은 18세기 영국의 화학자이자 신학자 조지프 프리스틀리입니다. 프리스틀리는 1765년 개별 막대를 사용하여 사람의 수명을 시각적으로 나타내는 그림을 만들었는데, 이것이 그래프의 시초가 되었습니다.

이후 막대그래프, 그림그래프 등 그래프의 원형을 만든 사람은 18세기 스코틀랜드의 엔지니어이자 정치경제학자인 윌리엄 플레이페어입니다. 플레이페어는 몇 년에 걸쳐 스코틀랜드와 다른 여러 나라 사이에서 이루어지는 수입과 수출에 관한 자료를 수집했습니다. 그리고 그 자료를 그래프 형태로 정리했습니다.

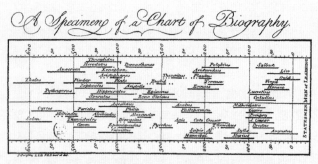

여러 사람의 수명을 비교한 조지프 프리스틀리의 그래프.

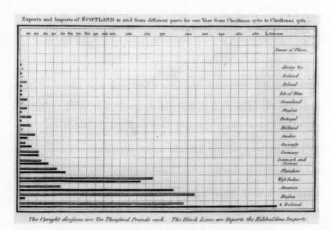

The Upright divisions are Ten Thousand Pounds each.   The Black Lines are Exports the Ribbed-lines Imports.

윌리엄 플레이페어가 스코틀랜드와 17개 국가와의
수출입 내용을 표시한 막대그래프.

플레이페어는 막대그래프 외에도 선그래프, 원그래프 등을 발명했습니다. 1786년에 출간된 플레이페어의 책 『경제와 정치의 지도』에는 막대그래프를 포함한 44개의 그래프가 담겨 있습니다. 이 책 속의 그래프들은 오늘날 다양한 그래프들을 만드는 데 기초가 되었습니다.

지금 우리가 보기에는 플레이페어의 그래프가 특별한 아이디어가 아닌 것 같지만, 당시에는 자료를 그래프로 표현한다는 생각이 일반적이지 않았습니다. 정치와 경제를 연구하는 데 그래프가 필요하다는 생각을 하지 못했지요. 플레이페어의 그래프는 자료의 세부 사항을 점검하는 수고를 덜어 주는 한편, 정보를 명확하게 전달하는 데에도 도움을 주었습니다.

플레이페어가 만든 그래프들 덕분에 많은 사람이 그래프를 활용하면 자료를 더 잘 이해할 수 있다는 것을 알게 되었습니다.

방대한 양의 자료를 어떻게 효과적으로 전달하는가와 관련한 연구는 지금까지 계속되고 있습니다. 각 도시의 인구수 등의 행정 관련 자료, 날씨나 교통량 등 생활과 밀접하게 관련된 자료, 인터넷을 비롯한 다양한 영상 매체에서 쏟아지는 수많은 데이터까지, 우리 주변에는 여러 가지 자료가 넘쳐 납니다. 이러한 자료들을 요약·정리해 표현하고 활용하는 일은 점점 더 중요해지고 있습니다.

2부

도형과 식이 만나는 곳,
좌표평면

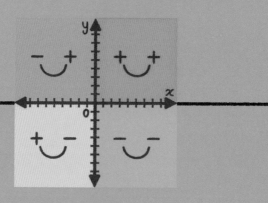

앞에서 우리는 여러 자료를 알기 쉽게 정리하는 다양한 그래프를 알아 보았습니다. 이제 식을 좌표평면 위에 나타내는 그래프를 살펴볼 차례 입니다. 처음에 좌표평면은 도형을 식으로 나타내기 위해 만들어졌습니다. 그리고 나중에 가서야 식을 좌표평면 위에 그래프로 표현하게 되었 습니다. 좌표평면이 무엇인지, 도형이 좌표평면 위에서 어떻게 식으로 표현될 수 있는지 이해하기 위해 17세기 유럽으로 떠나 볼까요?

좌표평면의 발명

점, 선, 면 또는 이것들을 합해 만든 모양을 도형이라고 합니다. 도형의 모양, 크기, 위치와 성질에 대해 연구하는 수학의 분야를 기하학(幾何學)이라고 합니다. 반면 $x + 1 = y$와 같이 문자가 사용된 식을 다루는 분야는 대수학(代數學)이라고 합니다.

17세기까지 기하학과 대수학은 서로 독립적인 수학의 영역으로 발전해 왔습니다. 두 영역의 경계는 17세기 프랑스의 수학자이자 철학자인 르네 데카르트가 발명한 좌표평면으로 인해 허물어졌지요. 데카르트는 도형을 미지수가 포함된 식으로 나타내기 위해 좌표평면을 만들었습니다. 대수학의 관점에서 기하학을 바라본 것이지요.

좌표평면의 의미를 정확히 이해하기 위해서는 데카르

트가 왜 도형을 식으로 나타내려고 했는지를 알아보아야 합니다. 우선, 좌표평면이 발명되기 전에 어떻게 수학에서 도형을 연구했는지부터 살펴볼까요?

1. 유클리드의 도형 연구

우리가 학교에서 배우는 도형의 약속과 그 성질은 대부분 고대 그리스의 수학자 유클리드가 기원전 3세기에 쓴 책『원론』에 기반을 두고 있습니다.『원론』에서는 '모든 직각은 서로 같다'처럼 특별한 설명 없이도 당연하게 여기는 내용을 토대로 수많은 도형의 성질들을 증명합니다. 흔히 이 책을 '세계 최초의 수학 교과서'라고 이야기하지요. 현재 우리가 배우는 수학 교과서 역시 유클리드의『원론』을 바탕으로 하고 있습니다.

유클리드 이후로 약 2천여 년 동안 유클리드의 방식이아닌 다른 방식으로 도형이 연구된 적은 없습니다. 따라서 수학에서의 모든 기하학은 곧 유클리드의 기하학이었지요. 하지만 시간이 흐르고 수학이 발전하면서 유클리드기하학으로는 설명할 수 없는 현상들이 나타났습니다. 데카르트의 해석기하학은 유클리드 기하학에서 설명할 수 없는 도형의 특징을 연구하기 위해 탄생했습니다.

2. 데카르트의 도형 연구

유클리드 기하학에서 다루는 도형은 주로 다각형과 원 등 직선과 원으로 만들 수 있는 모양입니다. 그런데 17세기 과학 혁명의 시대가 열리면서 타원, 포물선, 쌍곡선 등 새로운 형태의 도형에 대해 연구할 필요성이 생겨났습니다. 물체의 운동을 수학적으로 분석하기 위해서는 이러한 도형들이 필요했기 때문입니다.

데카르트와 비슷한 시기를 살았던 이탈리아의 천문학자이자 수학자 갈릴레오 갈릴레이의 연구를 하나의 예로 들 수 있습니다. 갈릴레이는 책상 위에 경사면을 만들어 공이 일정한 속도로 움직이게 한 다음, 책상 아래로 떨어지는 공의 궤적을 조사했습니다. 갈릴레이는 이 실험을 통해 공이 포물선 모양으로 떨어진다는 사실을 확인했지요. 또 이를 바탕으로 대포에서 쏜 포탄 역시 포물선 모양을 그린다는 것을 알아냈습니다.

포탄이 포물선을 그리며 떨어진다는 것은 지금은 상식처럼 알려진 사실입니다. 그러나 갈릴레이의 연구 이전에

는 다음 그림처럼 포탄이 대각선으로 똑바로 날아간 다음
땅으로 뚝 떨어진다고 생각하는 것이 일반적이었습니다.

갈릴레이의 연구 덕분에 포탄이 다음과 같이 포물선을
그리며 떨어진다는 것을 알게 되었지요.

그런데 포물선 모양으로 포탄이 이동한다는 것을 알아
내고 나니 그다음이 문제였습니다. 포탄의 이동 거리와

최고 높이를 계산하기 위해서는 포물선을 수학적으로 분석해야 했지만 유클리드 기하학으로는 포물선을 연구할 수 없었습니다. 자로 길이를 잴 수도 없고, 각도기로 각도를 측정할 수도 없었지요. 데카르트의 도형 연구는 바로 이러한 고민을 해결하는 것과 관련되어 있습니다.

앞서 기하학은 도형에 관한 것, 대수학은 식에 관한 것이라는 이야기를 했습니다. 데카르트의 도형 연구는 유클리드 기하학에 대수학을 적용했다고 해서 '대수적인 기하학'이라고 불립니다. 혹은 해석기하학이라고도 하지요. 데카르트는 수학을 기하나 대수로 분리하지 않고, 종합적인 관점에서 다루어야 한다고 생각했습니다. **데카르트의 해석 기하학에서는 도형을 식으로 나타내고 그 식을 해석하면서 도형의 특성을 이야기합니다. 데카르트의 도형 연구의 핵심은 도형을 나타내는 공간을 '좌표평면'으로 바꾸는 것이랍니다.** 평면을 좌표평면으로 바꾼 데카르트의 시도는 아주 간단해 보이지만 수학의 역사를 바꾸게 됩니다.

3. 좌표평면

좌표(座標)는 '자리를 표시하다'라는 의미로, 어떤 점의 위치를 지정하기 위해 사용되는 값입니다. 좌표계는 좌표를 사용해 점이나 다른 도형의 위치를 표시하는 방법을 의미합니다. 데카르트가 발명한 좌표계는 2개의 직선을 수직으로 교차시켰다고 해서 직교좌표계(直交座標系)라고 합니다. 데카르트의 이름을 따 데카르트 좌표계라고도 부릅니다. 직교좌표계는 수학에서 가장 많이 사용되는 좌표계이기 때문에 간단히 좌표평면이라고도 부릅니다.

좌표평면(데카르트 좌표계)

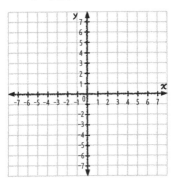

좌표평면에서 가로로 놓인 수직선을 *x*축, 세로로 놓인 수직선을 *y*축이라고 합니다. 왜 가로축과 세로축을 x축, y축이라고 할까요? 수학에서는 보통 식에서 알지 못하는 수를 x라고 합니다. 만일 식에서 알지 못하는 수가 2개 이상이라면 x 뒤에 나오는 알파벳 y, z를 순서대로 사용합니다. 알지 못하는 수를 나타내는 x와 y를 이용해 가로축과 세로축을 나타낸 것이랍니다.

*x*축과 *y*축이 만나는 점을 원점이라고 합니다. 근원을 나타내는 한자 원(原)과 점을 나타내는 한자 점(點)을 합친 단어로, 기준이 되는 점이라는 뜻이지요.

좌표평면에서 **오른쪽과 위쪽은 0보다 큰 수, 왼쪽과 아래쪽은 0보다 작은 수를 나타냅니다.**

점의 위치를 표시할 때는 원점에서 x축, 즉 가로 방향으로 떨어진 곳의 위치와 y축, 즉 세로 방향으로 떨어진 위치를 괄호 안에 순서대로 적습니다.

다음 좌표평면을 함께 살펴볼까요? 좌표평면에서 빨간색 점의 위치는 원점으로부터 오른쪽 방향으로 3칸 떨어져 있고, 위쪽 방향으로 2칸 떨어져 있습니다. 이를 괄호를 이용하여 표시하면 (3, 2)로 나타낼 수 있습니다.

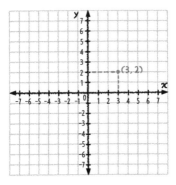

좌표계의 종류

좌표계의 종류에는 여러 가지가 있습니다. 수의 크기를 비교할 때 사용하는 수직선도 좌표계입니다. 수직선에서는 직선 위에 동일한 간격으로 표시된 숫자들을 이용해 점의 위치를 나타냅니다.

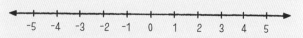

극좌표계는 잠수함 등에서 다른 배의 위치를 확인할 때 사용합니다. 중심에 표시된 점으로부터의 거리와 각의 크기를 이용해 점의 위치를 나타냅니다.

극좌표계

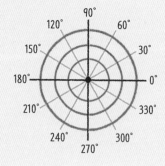

4. 좌표평면 위의 도형

이제 평면 위에 도형을 나타내는 것과 좌표평면 위에 도형을 나타내는 것이 어떻게 다른지 알아봅시다. 데카르트의 도형 연구는 타원, 포물선 등을 중심으로 이루어졌지만 여기에서는 이해를 쉽게 하기 위해 점과 선을 중심으로 설명하겠습니다.

먼저 평면 위에 있는 두 점 사이의 거리를 구하는 방법을 생각해 봅시다.

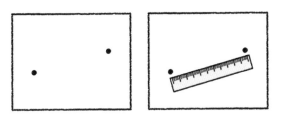

자를 이용해 두 점 사이의 거리를 측정하면 되겠지요? 이와 같이 유클리드 기하학에서는 자, 각도기 등 도구를 이용해 도형을 분석합니다.

그렇다면 좌표평면, 즉 데카르트의 해석기하학에서는 두 점 사이의 거리를 어떻게 측정할까요? 해석기하학에서는 오직 식을 이용해서 도형의 성질을 분석합니다. 어떻게 두 점 사이의 거리를 식으로 계산할 수 있을까요?

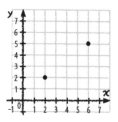

두 점 사이의 거리를 알기 위해서 우선 두 점을 연결하는 선분을 그려 봅시다.

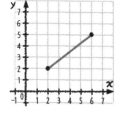
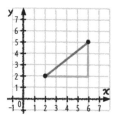

이때 두 점을 이은 선을 빗변으로 하는 직각삼각형을 그릴 수 있습니다. 직각삼각형의 다른 두 변의 길이는 좌표평면을 살펴보면 알 수 있습니다. 가로로 그린 한 변의 길이는 4칸이고, 세로로 그린 다른 한 변의 길이는 3칸입니다.

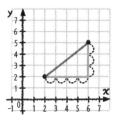

직각삼각형 세 변의 길이 사이의 관계를 나타내는 식인 '피타고라스의 정리'를 사용하면 두 점 사이의 거리, 즉 직각삼각형의 빗변 또한 자 없이 계산할 수 있습니다.

$$4^2 \times 3^2 = \text{두 점 사이의 거리}^2$$
$$25 = \text{두 점 사이의 거리}^2$$
$$5 = \text{두 점 사이의 거리}$$

모든 직각삼각형에서 빗변의 길이를 거듭 곱한 것은 다른 두 변을 각각 거듭 곱한 후 더한 값과 같답니다. 이를 피타고라스의 정리라고 합니다. 예를 들어, 직각삼각형에서 한 변을 a, 다른 한 변을 b, 빗변을 c라고 하면, 모든 직각삼각형에 대해 다음과 같은 식을 사용할 수 있어요.

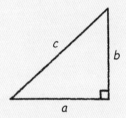

피타고라스의 정리

$$(a \times a) + (b \times b) = c \times c$$
$$a^2 + b^2 = c^2$$

이처럼 데카르트의 해석기하학의 핵심은 도형의 속성을 '식'으로 표현하는 것에 있습니다. 해석기하학 덕분에 자나 각도기 없이도 도형의 속성을 계산할 수 있게 되었습니다. 여기에서는 비교적 이해가 쉬운 두 점 사이의 거리를 예로 들어 설명했지만 해석기하학 덕분에 기존에는 분석하기 어려웠던 포물선, 타원 등의 도형도 식으로 계산할 수 있게 되었답니다.

좌표평면 위의 도형

다음과 같은 포물선을 친구에게 설명한다고 생각해 봅시다.

포물선을 보지 않은 친구에게 이 포물선에 대해 무엇을 이야기할 수 있을까요? 친구가 설명만 듣고 볼록한 정도 등이 모두 똑같은 모양의 포물선을 그리는 것이 가능

할까요? 자와 각도기로 도형의 특징을 연구하는 유클리드 기하학에서 포물선이나 타원과 같이 길이와 각을 측정하기 어려운 도형의 성질을 이야기하는 것은 불가능한 일이었습니다. 하지만 데카르트의 해석기하학에서는 포물선과 타원을 식으로 나타낼 수 있기 때문에 같은 모양의 포물선을 그리는 것도, 포물선의 위치를 설명하는 것도 가능해집니다.

이제 우리는 좌표평면 위의 도형을 식으로 나타내는 방법에 대해 알아볼 거예요. 포물선과 타원 같이 곡선이 포함된 도형의 식을 도출하는 과정은 복잡하기 때문에 비교적 간단한 도형인 직선을 이용해 도형과 식의 관계를 알아보도록 해요.

직선과 선분

직선은 끝이 없는 곧은 선입니다. 실제로는 끝이 없는 곧은 선을 그릴 수 없기 때문에 길이가 있는 것처럼 그리는 것이에요. 직선의 일부분으로, 길이를 표시할 수 있는 곧은 선을 선분이라고 합니다. 직선과 선분을 구분하기 위해 직선을 그릴 때 곧은 선 양 끝에 화살표를 그리기도 합니다. 한쪽으로만 끝이 없는 곧은 선인 반직선은 한쪽에만 화살표를 그립니다.

1. 기울기

　끝이 없는 곧은 선을 '직선'이라고 약속하기 때문에 직선의 길이는 나타낼 수 없습니다. 좌표평면 위에서도 직선의 정의는 달라지지 않기 때문에 직선의 길이를 식으로 계산할 수는 없습니다. 하지만 직선이 기울어진 정도는 식으로 나타낼 수 있답니다.

　직선이 기울어진 정도를 기울기라고 합니다. 다음 두 직선 중 어느 직선이 더 가파르게 기울어져 있나요? 눈으로 살펴보았을 때 첫 번째 직선이 더 가파르다는 것을 확인할 수 있습니다.

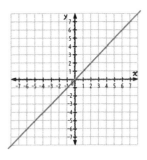 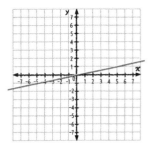

따라서 두 직선 중 기울기가 더 큰 직선은 첫 번째 직선입니다. 그렇다면 기울기를 어떻게 식으로 설명할 수 있을까요?

수학자들은 좌표평면에 있는 x축과 y축에 주목했습니다. 오른쪽으로 똑같은 거리를 이동했을 때, 위로 더 많이 올라간 직선이 기울기가 크다는 것을 발견했지요. 좌표평면에서 오른쪽과 위쪽은 증가 혹은 양의 정수를, 왼쪽과 아래쪽은 감소 또는 음의 정수를 나타냅니다. 좌표평면에서 감소하는 것, 즉 왼쪽과 아래쪽은 −(마이너스) 기호를 붙여 나타냅니다.

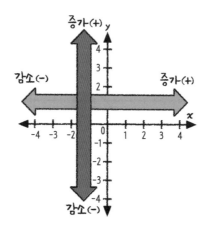

좌표평면에서 직선의 기울기는 가로 방향으로 증가한 크기에 비해 세로 방향으로 증가한 크기의 비로 나타냅니다.

$$기울기 = \frac{직선이\ 세로\ 방향으로\ 증가한\ 크기}{직선이\ 가로\ 방향으로\ 증가한\ 크기}$$

첫 번째 직선부터 살펴봅시다. 가로 방향으로 1만큼 증가했을 때 세로 방향으로 1만큼 증가하고, 가로 방향으로 2만큼 증가했을 때 세로 방향으로 2만큼 증가하고, 가로 방향으로 4만큼 증가했을 때 세로 방향으로 4만큼 증가했음을 볼 수 있습니다.

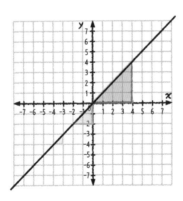

따라서 이 직선의 기울기는 다음과 같이 나타낼 수 있습니다.

$$\text{기울기} = \frac{\text{직선이 세로 방향으로 증가한 크기}}{\text{직선이 가로 방향으로 증가한 크기}}$$
$$= \frac{1}{1} = \frac{2}{2} = \frac{4}{4} = 1$$

두 번째 직선을 살펴보면 가로 방향으로 5만큼 증가했을 때 세로 방향으로 1만큼 증가하는 것을 볼 수 있습니다.

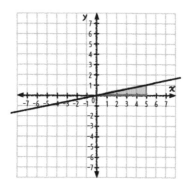

따라서 직선의 기울기는 $\frac{1}{5}$이 됩니다.

$$기울기 = \frac{직선이\ 세로\ 방향으로\ 증가한\ 크기}{직선이\ 가로\ 방향으로\ 증가한\ 크기}$$
$$= \frac{1}{5}$$

첫 번째 직선의 기울기는 1, 두 번째 직선의 기울기는 $\frac{1}{5}$이므로 첫 번째 직선의 기울기가 더 크다고 이야기할 수 있습니다.

2. 직선의 방향

직선의 기울기를 나타내는 방법을 알았으니, 이제 직선이 어느 방향으로 기울어져 있는지도 설명해 봅시다.

다음 좌표평면 위의 두 직선을 살펴봅시다. 첫 번째 직선은 가로 방향으로 5칸 증가(+5)할 때 세로 방향으로 5칸 증가(+5)했습니다. 기울기는 $\frac{5}{5} = 1$, 즉 1이 됩니다. 이처럼 **기울기가 양수이면 x값이 증가할 때마다 y값도 함께 증가하기 때문에, 직선그래프는 오른쪽 위를 향하는 방향으로 그려집니다.**

반면 두 번째 직선은 가로 방향으로 5칸 증가(+5)할 때 세로 방향으로 5칸 감소(−5)했습니다. 따라서 기울기는 $\frac{-5}{5} = -1$이 됩니다. 이처럼 **기울기가 음수이면 x값이 증가할 때마다 y값은 감소하기 때문에, 직선그래프는 오른쪽 아래를 향하는 방향으로 그려집니다.** 이때, −1에서 −는 0보다 작다는 의미가 아니라 감소하는 방향을 표시한 것으로 이해해야 합니다.

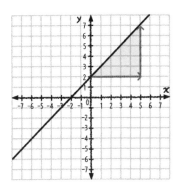

기울기가 양수이면 직선은 오른쪽 위를 향한다.

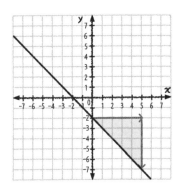

기울기가 음수이면 직선은 오른쪽 아래를 향한다.

3. 절편

좌표평면에서 직선을 식으로 나타내기 위해 마지막으로 확인해야 할 것은 직선이 x축, y축과 만날 때의 점의 좌표입니다. 왜 이 좌표를 알아야 할까요? 아래 그림과 같이 좌표평면 위에서 기울기가 같은 직선은 무수히 많기 때문입니다. 직선의 기울기뿐 아니라 정확한 위치를 알기 위해서는 직선이 좌표평면의 기준이 되는 x축, y축과 만나는 위치가 중요합니다.

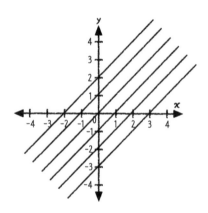

기울기가 1인 직선은 무수히 많다.

직선이 x축과 만나는 점의 x축 좌표를 x절편, y축과 만나는 점의 y축 좌표를 y절편이라고 합니다. 절편은 한자로 '끊다'를 의미하는 절(截)과 '조각'을 나타내는 편(片)이라는 글자를 합쳐서 만든 단어입니다. 즉, x절편은 'x축을 끊어서 2조각을 만드는 점'으로 해석할 수 있습니다. 직선이 x축과 만날 때 y축 좌표는 언제나 0이고, 마찬가지로 직선이 y축과 만날 때 x축 좌표는 항상 0입니다.

4. 직선을 식으로 나타내기

좌표평면을 통해 직선의 기울기, 직선이 기울어진 방향, x절편과 y절편을 모두 확인했습니다. 이를 바탕으로 좌표평면 위의 직선을 식으로 나타낼 수 있습니다. 아래 직선을 식으로 나타내 봅시다.

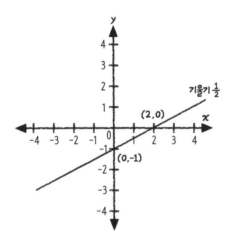

먼저 직선의 기울기가 $\frac{1}{2}$이라는 것을 알 수 있습니다. 직선이 가로로 2칸 증가할 때 세로로 1칸 증가했기 때문

입니다. 즉, x좌표가 2칸 증가할 때 y좌표는 1칸 증가하므로, y좌표는 x좌표의 $\frac{1}{2}$이라 생각할 수 있습니다. 이를 식으로 나타내면 다음과 같습니다.

$$y = \frac{1}{2}x$$

그런데 앞에서 좌표평면 위에 기울기가 같은 직선은 무수히 많다는 것을 확인했습니다. 기울기가 $\frac{1}{2}$인 직선 또한 무수히 많겠지요. 따라서 x절편과 y절편을 확인하는 것이 필요합니다. 좌표평면에서 y절편은 -1이고 x절편은 2입니다. 이를 $y = \frac{1}{2}x$에 반영해 봅시다.

y절편이 -1이라는 것은 x축 좌표가 0일 때 y축 좌표가 -1이라는 의미입니다. 식 $y = \frac{1}{2}x$에서 x 대신 0을 대입합니다.

$$y = \frac{1}{2}x$$
$$y = \frac{1}{2} \times 0$$
$$y = 0$$

이를 계산하면 y값이 0이 나옵니다. 그러나 x가 0일 때, y는 −1이어야 합니다. 그렇다면 y축 좌표를 어떻게 −1로 만들 수 있을까요? 식 $y = \frac{1}{2}x$를 $y = \frac{1}{2}x - 1$로 바꾸면 됩니다. 식 $y = \frac{1}{2}x - 1$에서 x 대신 0을 대입해 봅시다.

$$y = \frac{1}{2}x - 1$$

$$y = \frac{1}{2} \times 0 - 1$$

$$y = -1$$

이렇게 되면 x축 좌표가 0일 때 y축 좌표는 −1이 됩니다. 직선의 식이 올바르게 되었는지 확인하기 위해 이 식에 x절편인 2를 대입해 봅시다. x절편이 2라는 것은 x축 좌표가 2일 때 y축 좌표는 0이라는 의미입니다.

$$y = \frac{1}{2}x - 1$$

$$y = \frac{1}{2} \times 2 - 1$$

$$y = 0$$

x 대신 2를 대입했을 때 y값이 0이므로 식이 직선을 올바르게 나타내고 있다는 것을 확인할 수 있습니다. 따라서 앞서 살펴본 직선의 식은 다음과 같습니다.

$$y = \frac{1}{2}x - 1$$

지금까지 알아본 내용으로 좌표평면 위에 있는 직선을 식으로 나타내는 법을 정리하면 다음과 같습니다.

$$y = 직선의 \ 기울기 \times x + y절편$$

수학자들은 이를 간단하게 기호로 다음과 같이 나타냅니다. m은 직선의 기울기를, n은 y절편을 의미합니다.

$$y = mx + n$$

이처럼 **좌표평면을 활용하면 도형인 직선을 식으로 나타낼 수 있습니다.** 각도기 없이도 여러 직선의 기울기를 쉽게 비교할 수 있다는 장점도 있지요. 여기에서는 비교적 단순한 도형인 직선을 살펴보았지만, 좌표평면을 통해 포물선, 원 등의 도형도 식으로 나타낼 수 있습니다.

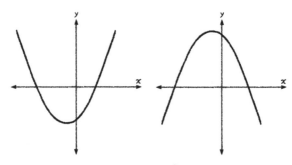

포물선의 식: $y = ax^2 + bx + c$

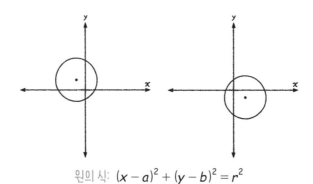

원의 식: $(x - a)^2 + (y - b)^2 = r^2$

직선 2개를 수직으로 교차해 만든 좌표평면은 간단해 보이지만 도형을 바라보고 이해하는 방법 자체를 변화시킨 하나의 혁명이었답니다. 식을 통해 도형을, 즉 대수학을 통해 기하학을 이해할 수 있는 길을 열었기 때문입니다. 이렇게 기하학과 대수학을 하나로 묶은 데카르트는 해석기하학이라는 수학의 새로운 장을 열었습니다. 해석기하학은 3부에서 살펴볼, 식을 그래프로 나타내는 방법을 연구하는 중요한 계기가 되었습니다.

직선의 기울기는 왜 m일까?

수학에서 기울기를 나타낼 때 알파벳 m을 씁니다. 왜 기울기를 m으로 나타내게 되었는지는 정확히 알려진 바가 없습니다. 영국 수학자 존 호턴 콘웨이는 기울기의 계수를 의미하는 영어 'modulus of slope'의 첫 글자 m에서 유래된 것이라 주장하기도 했습니다. 일부 학자들은 프랑스어로 '오르다, 등반하다'라는 단어 monté/montée의 첫 글자인 m을 사용한 것이라 이야기합니다.

1. 좌표평면을 이용해 도형과 그 관계를 식으로 나타내는 것을 해석기하학이라고 합니다.

2. 좌표평면에서는 수직으로 만나는 가로선(x축)과 세로선(y축)을 이용해 도형의 위치를 좌표로 나타냅니다.

3. 직선의 기울기는 어떤 직선이 가로 방향으로 증가한 크기에 비해 세로 방향으로 증가한 크기의 비로 나타냅니다.

$$기울기 = \frac{직선이\ 세로\ 방향으로\ 증가한\ 크기}{직선이\ 가로\ 방향으로\ 증가한\ 크기}$$

4. 직선이 x축과 만나는 점의 x축 좌표를 x절편, y축과 만나는 점의 y축 좌표를 y절편이라고 합니다.

5. 좌표평면 위의 직선을 식으로 나타내면 다음과 같습니다. 이때 m은 기울기를, n은 y절편을 의미합니다.

$$y = mx + n$$

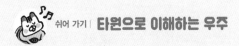
17세기에는 타원 역시 중요한 도형으로 부각됩니다. 천체 운동을 연구한 독일의 천문학자 요하네스 케플러 덕분이지요. 케플러는 태양을 중심으로 도는 행성들의 궤도가 타원 모양이라는 사실을 발견했습니다.

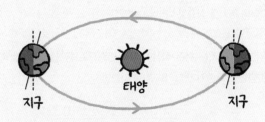

지구는 태양 주위를 타원 모양으로 돈다.

케플러는 오스트리아의 그라츠 대학에서 수학과 도덕을 가르치는 교수였습니다. 원래 그는 당대의 다른 천문학자들과 마찬가지로 우주의 행성들이 원 모양의 궤도를 따라 움직인다고 생각했어요. 1596년에 펴낸 『우주의 신비』라는 책에서 행성의 운동을 원 궤도로 설명하기도 했지요.

책을 내고 몇 년 후, 케플러는 당시 유럽에서 가장 우수한 천문 관측 자료를 지니고 있었던 신성 로마 제국의 왕실 천문학자 튀코 브라헤의 조수로 일하게 됩니다. 그런데 브라헤가 갑자기 죽게 되면서 케플러는 그의 지위와 함께 천문 관측 자료를 그대로 이어받습니다. 브라헤가 남긴 연구 자료를 토대로 행성의 움직임을 연구하던 케플러는 원 궤도로는 실제 행성의 움직임을 설명할 수 없다는 것을 깨닫게 됩니다. 케플러는 태양을 중심으로 도는 행성들이 타원 궤도로 행성 운동을 한다는 사실을 발견합니다.

그런데 당신의 기하학으로는 원의 둘레와 넓이는 구할 수 있지만 타원의 둘레와 넓이를 구하는 방법은 알 수 없었답니다. 원의 둘레와 지름의 관계를 통해 원주율을 계산했지만, 타원은 지름의 길이가 다 달라 둘레와 지름의 관계를 찾을 수 없었기 때문입니다. 하지만 데카르트의 해석기하학 덕분에 타원을 식으로 표현하는 길이 열리게 됩니다. 그 덕분에 타원의 둘레와 넓이를 계산할 수 있게 되었습니다.

3부

함수와 그래프

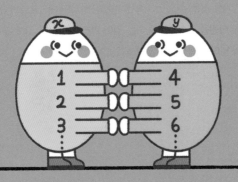

앞서 우리는 데카르트의 좌표평면 덕분에 도형을 식으로 나타낼 수 있게 되었다는 사실을 배웠습니다. 그렇다면 반대로 식을 도형으로 나타내는 것도 가능하지 않을까요? 3부에서는 식을 좌표평면 위의 도형, 즉 그래프로 나타내는 것에 대해 살펴보겠습니다.

① 식을 그래프로 표현하기

식을 그래프로 표현하여 식에 포함된 두 수의 관계를 연구하는 수학의 분야를 해석학이라고 합니다. 앞서 배운 해석기하학과 말이 비슷하지요? 해석학은 해석기하학을 토대로 발전했습니다. 도형을 식으로 나타내는 해석기하학의 과정은 식을 그래프로 변환하는 해석학의 방법에 많은 아이디어를 제공했습니다.

하지만 도형을 식으로 표현하는 것과 식을 그래프로 표현하는 것을 단순히 거꾸로 하는 관계로 생각하면 곤란합니다. 좌표평면 위의 좌표의 의미가 해석기하학과 해석학에서 완전히 다르게 이해되기 때문입니다.

1. 좌표평면의 의미

$x + 3 = y$라는 식을 좌표평면 위에 표현하는 법을 생각해 봅시다. 이 식에서 y값은 x값보다 항상 3이 큽니다. 예를 들어, x값이 1이라면 y값은 4가 되고, x값이 2라면 y값은 5가 됩니다. 이를 정리하면 다음 표와 같습니다.

x	1	2	3	4	5	6	⋯
y	4	5	6	7	8	9	⋯

+3

이 표를 좌표평면 위에 표현해 봅시다.

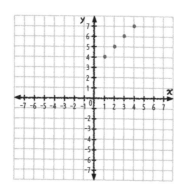

x값이 1일 때 y값은 4이므로 (1, 4)에 점을 표시합니다. 같은 방법으로 (2, 5)…(4, 7)까지 계속 점을 표시할 수 있습니다.

그런데 x값은 1, 2, 3…과 같은 자연수일 수도 있지만 $-1, -2$ 같은 음수일 수도 있습니다. 또한 1.1, 1.3245와 같은 소수일 수도 있지요. 그리고 1과 2 사이에는 무수히 많은 소수가 있습니다. 이러한 점들을 계속 찾아 연결하면 다음과 같이 직선의 형태가 됩니다. 따라서 $x + 3 = y$라는 식을 좌표평면 위에 그래프로 나타내면 직선이 됩니다.

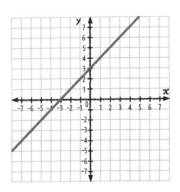

앞서 해석기하학을 살펴보면서 우리는 직선을 나타내는 식이 $y = mx + n$과 같은 형태라는 것을 확인했습니다. 식 $x + 3 = y$는 $y = 1 \times x + 3$으로 바꾸어 생각할 수 있으므로 $y = mx + n$과 같은 유형의 식이라는 것을 알 수 있습니다. 따라서 식 $y = x + 3$의 그래프가 직선 모양으로 그려지는 것은 당연한 일이지요.

하지만 도형을 중심으로 좌표평면을 이해하는 해석기하학에서의 $y = mx + n$과 식을 중심으로 좌표평면을 이해하는 해석학에서의 $y = x + 3$을 같은 의미로 생각해서는 안 됩니다. 둘은 다른 의미를 갖는답니다.

$(1, 4)$라는 좌표를 이용해 설명해 보겠습니다. 해석기하학에서 좌표평면은 좌표를 이용해 도형의 위치를 표시하는 방법이었습니다. 따라서 $(1, 4)$는 점의 위치를 나타냅니다. 하지만 해석학에서 $(1, 4)$는 식에 포함된 두 수의 관계를 보여 주는 도구의 역할을 합니다. 해석학에서 $(1, 4)$는 x값이 1일 때, 계산된 y값이 4라는 것을 의미하기 때문입니다.

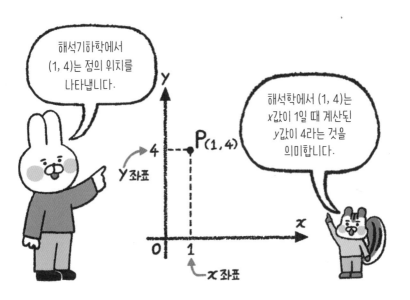

즉, 해석기하학에서 $y = mx + n$은 직선의 위치를 의미하는 반면 해석학에서 $y = x + 3$은 식의 계산 결과를 나타냅니다. 따라서 해석학에서는 직선의 모양으로 나타내는 식의 일반적 형태를 해석기하학의 $y = mx + n$과 구분하기 위해 $y = ax + b$라고 씁니다.

2. 그래프로 나타낼 수 있는 식

식을 중심으로 생각할 때 달라진 좌표평면의 의미를 살펴보았으니 이제 '식'에 대해 생각해 봅시다. 숫자나 기호를 이용해 수학 문제를 간단히 나타낸 것을 '식(式)'이라고 합니다. 식에는 $2 + 3 = 5$와 같이 등호(=)가 사용된 식도 있고, $7 - 4$와 같이 등호가 사용되지 않은 식도 있습니다. 또 $x + 2 = 3$과 같이 모르는 수가 문자로 표시된 식도 있지요. 이 중 우리가 **좌표평면에서 그래프로 나타내었을 때 의미가 있는 식**은 $x + 3 = y$와 같이 알지 못하는 두 수 x, y가 있고, 두 수가 특별한 관계를 가지고 있는 식입니다.

$2 + 3 = 5$와 같이 식에 포함된 모든 수를 다 아는 경우 굳이 좌표평면 위에 나타낼 필요가 없습니다. 또 $x - x + y = y$와 같이 x값에 어떤 수를 넣어도 y값과 상관이 없는 식도 굳이 좌표평면에 나타낼 필요가 없지요. **우리가 식을 그래프로 나타내는 이유는 식에서 두 수 사이의 규칙과 계산 결과를 한눈에 알아보기 쉽게 하기 위해서입니다.**

그래프로 나타낼 수 있는 식은 특별한 성질을 가지고

있어야 합니다. 앞에서 그래프로 나타내 보았던 식 $x + 3 = y$를 다시 살펴보면서 어떤 성질이 있는지 확인해 봅시다.

$x + 3 = y$에서 x값에 해당하는 수들의 집합을 A, y값에 해당하는 수들의 집합을 B라고 합시다. 체육 시간에 선생님께서 "집합!"이라고 하면 우리 반 학생들이 모두 선생님 앞으로 모이지요? 이때 선생님 앞으로 '우리 반' 학생들만 모여야 합니다. 수학에서도 '집합(集合)'이라고 하면 어떤 조건에 따른 요소들의 모임을 의미합니다. '우리 반'이라는 조건에 따라 '학생'이라는 요소가 모이는 것처럼요.

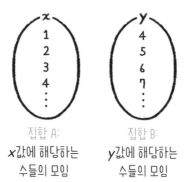

집합 A:
x값에 해당하는
수들의 모임

집합 B:
y값에 해당하는
수들의 모임

집합 A의 요소, 즉 x값에 해당하는 수와 집합 B의 요소, 즉 y값 해당하는 요소 사이의 첫 번째 성질은 **x값에 따른 하나의 y값, 즉 짝이 존재해야 한다**는 것입니다.

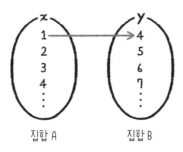

x값이 1일 때 y값은 4이며 이를 좌표평면의 (1, 4) 위치에 점으로 표시할 수 있습니다. 만약 x값에 따른 y값이 여러 개라면 그래프에서 x값의 변화에 따른 y값의 변화를 한눈에 알아보기 어렵겠지요?

두 번째 성질은 **x값이 변함에 따라 y값이 변해야 하며, 변하는 규칙이 일정해야 한다**는 것입니다. x값에 3을 더하면 y값이 되는 것처럼 말이에요. $x + 3 = y$를 좌표평면 위에서 직선 모양의 그래프로 나타낼 수 있었던 것은 x값과 y값

사이에 +3이라는 일정한 규칙이 있었기 때문이랍니다.

　이처럼 **두 집합의 요소들 사이에 서로 하나의 짝이 있고, 두 집합 사이에 일정한 규칙이 있는 관계를 수학에서는 함수라고 합니다.** 영어로는 함수를 펑션(function)이라고 하지요. 1673년 독일 수학자 고트프리트 라이프니츠가 처음으로 function 이라는 단어를 사용했습니다. 우리나라에서 사용하는 함수라는 용어는 '상자'를 나타내는 한자 함(函)과 수를 나타내는 한자 수(數)를 합쳐서 만든 단어입니다. 수가 들어가는 상자라는 뜻이지요. 그림과 같이 수를 넣으면 3이 더해져서 나오는 상자를 상상해 보세요. 이러한 상자와 같이 함수는 어떤 수를 넣어 새로운 수를 만드는 틀입니다.

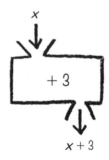

3. $f(x)$

함수는 x, y, z…와 같이 식에서 정해져 있지 않은 수, 즉 변수 사이의 관계를 의미합니다. 어떤 수(x)를 상자에 넣었을 때 3을 더한 새로운 수가 나왔다고 생각해 봅시다. '두 사이의 대응 관계'인 함수는 '원래의 수에 3을 더한 수'라고 말할 수 있습니다. 함수를 영어로 function, 원래의 수 또는 어떤 수는 식에서 알파벳 x로 나타내니 이 문장을 식으로 표현하면 다음과 같습니다.

$$\text{function} = x + 3$$

그런데 식에는 x 이외에도 다양한 문자가 사용될 수 있습니다. 식에 사용된 여러 문자 중 어떤 문자가 함수 상자에 들어가는 수인지 명확하게 표시하기 위해 다음과 같이 나타냅니다. 이때, f는 function의 첫 글자입니다.

$$f(x) = x + 3$$

이와 같은 표기법은 1734년 스위스 수학자 레온하르트 오일러가 처음 사용하였습니다.

그런데 앞에서 어떤 수(x)를 넣었을 때 이에 3을 더한 새로운 수(y)가 나오는 관계를 다음의 식으로 나타냈습니다.

$$y = x + 3$$

그렇다면 식 $y = x + 3$에서 y를 $f(x)$로 바꾸면 함수가 될까요? $y = x + 3$과 $f(x) = x + 3$은 같은 의미이기 때문에 식을 좌표평면 위에 그래프로 나타낼 때 둘 중 무엇을 써도 무방합니다.

하지만 **모든 식에서 y를 $f(x)$로 바꾼다고 함수가 되는 것은 아닙니다.** 예를 들어 $y^2 = x$라는 식을 생각해 봅시다. $5^2 = 25$를 $y^2 = x$로 표현할 수 있겠지요. $(-5)^2 = 25$ 또한 $y^2 = x$라는 식이 됩니다. 이때 $y^2 = x$를 $f(x)$를 이용해 나타낸다고 생각해 볼까요? 함수는 상자에 x를 넣었을 때 이에 대응하는 y값이 하나만 있어야 합니다. 그런데 $y^2 = x$는 x값이 25일 때 2개의 y값(5, −5)을 가집니다. 따라서 함수가 될 수 없지요. 이처럼 모든 식에서 단순히 y를 $f(x)$로 바꾼다고 해서 함수가 되는 것은 아닙니다.

4. 함수를 그래프로 나타내기

이제 함수를 그래프로 나타내 봅시다. 앞에서 우리는 $y = x + 3$을 그래프로 나타내기 위해 x에 1, 2, 3…과 같은 수를 넣어 보았습니다. 그 결과를 좌표평면에 점으로 표기한 후 점을 연결하여 그래프를 완성했지요.

이처럼 함수를 그래프로 나타내기 위해 매번 임의의 수를 넣어 계산한 결과를 확인해야 한다면 번거로울 겁니다. 이때, 해석기하학에서 도형이 식으로 어떻게 표현되었는지를 기억하고 있다면 함수를 그래프로 그리는 일이 훨씬 간단해집니다.

해석기하학에서 직선은 $y = mx + n$과 같은 식으로 표현할 수 있다는 것을 배웠습니다. 따라서 $f(x) = x + 3$은 직선을 나타내는 식이라는 것을 알 수 있습니다.

$$f(x) = x + 3$$
$$\Updownarrow \quad \Updownarrow \quad \Updownarrow$$
$$y = mx + n$$

$y = x + 3$에서 x축 좌표가 0일 때 y축 좌표 값, 즉 y절편은 3입니다. 따라서 $y = x + 3$을 나타내는 직선은 좌표 $(0, 3)$을 지나는 것을 알 수 있지요.

그리고 y축 좌표가 0일 때 x절편은 −3이므로, 직선은 좌표 $(−3, 0)$을 지나는 것을 알 수 있지요. 좌표 $(0, 3)$과 좌표 $(−3, 0)$을 모두 지나는 곧은 선을 그리면 $y = x + 3$을 나타내는 직선이 됩니다. 그리고 이 그래프가 바로 함수 $f(x) = x + 3$의 그래프이지요.

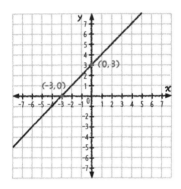

② 여러 가지 함수 그래프

함수는 두 집합의 원소 사이의 대응 관계를 의미합니다. 이 대응 관계는 $y = ax + b$와 같이 일반적인 식일 수도 있고, 직각삼각형의 빗변과 높이의 비와 같이 특수한 형태의 식일 수도 있습니다.

다양한 함수 그래프 중에서 중·고등학교에서 배우는 함수와 그 그래프 형태를 간단히 소개하겠습니다. 함수에 따라 그래프의 모양이 어떻게 달라지는지를 중심으로 살펴보길 바랍니다.

1. 다항함수의 그래프

$f(x) = ax + b$와 같이 다항식으로 정의된 함수를 다항함수라고 합니다. 항(項)은 단위를 나타내는 한자로, 다항함수는 '항'이라는 단위가 2개 이상인 함수를 의미합니다. 참고로 항이 1개인 함수는 단항함수라고 합니다.

다항함수를 이해하려면 항이 무엇인지 먼저 알아야 합니다. 항은 숫자와 문자가 곱셈으로 결합된 것을 지칭합니다. 예를 들어, $f(x) = ax + b$에서 ax, 즉 $a \times x$에서 a와 x는 곱셈으로 연결되어 있으므로 하나의 항입니다. b는 $1 \times b$로 생각할 수 있으니 역시 하나의 항입니다. 반면 $ax + b$에서 ax와 b는 곱셈이 아닌 덧셈으로 연결되어 있으니 ax와 b는 서로 다른 항입니다. 따라서 $f(x) = ax + b$에는 항이 2개 있으므로 $f(x) = ax + b$는 다항함수입니다. 항의 종류를 정리하면 다음과 같습니다.

항의 종류

[1] 숫자

예 $2, 0.11, \dfrac{4}{7}, \sqrt{3} \cdots$

이때 2와 같은 숫자는 2×1로 생각할 수 있습니다.

[2] 문자

예 $a, b, x, y \cdots$

[3] 숫자와 문자를 곱한 것

예 $3a, \dfrac{1}{2}x \cdots$

[4] 문자끼리 곱한 것

예 $ab, ax \cdots$

다항함수는 $1+x,\ x+x^2,\ 1+x+x^2$과 같이 항을 연결하는 방법에 따라 무수히 많은 형태가 될 수 있습니다. 수학에서는 다항함수를 일차함수, 이차함수, 삼차함수 등으로 구분합니다.

$$일차함수: f(x) = ax + b$$
$$이차함수: f(x) = ax^2 + bx + c$$
$$삼차함수: f(x) = ax^3 + bx^2 + cx + d$$

수학자들이 어떤 기준으로 다항함수의 이름을 만들었는지 눈치챘나요? x의 오른쪽 위에 작게 쓰인 숫자를 주목해 보세요. 이렇게 식에서 문자 오른쪽 위에 작게 쓰는 숫자를 차수라고 합니다. 차수는 차수 아래의 문자를 몇 번 거듭해서 곱해야 하는지를 나타냅니다. 예를 들어 x^4은 $x \times x \times x \times x$로 x를 4번 곱한 것이지요.

차수는 다항함수의 종류를 구분하는 기준이 됩니다. $f(x) = ax + b$에서 x는 x^1이므로 일차함수가 됩니다. $f(x) = ax^2 + bx + c$는 어떨까요? 이 함수에는 x^2도 있고 x도 있습니다. 이럴 때는 가장 큰 차수를 기준으로 하면 됩니다. 따라서 $f(x) = ax^2 + bx + c$는 이차함수입니다. 가장 큰 차수가 3인 $f(x) = ax^3 + bx^2 + cx + d$는 삼차함수가 되고요.

차수에 따라 다항함수를 구분하는 이유는 함수의 차수에 따라 그래프의 모양이 달라지기 때문입니다. 각 다항함수별로 그래프가 어떻게 그려지는지 알아봅시다.

일차함수의 그래프

우선 일차함수의 그래프는 다음과 같이 직선 모양으로 그려집니다.

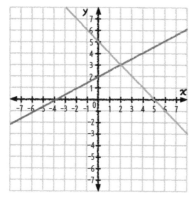

$$f(x) = \frac{1}{2}x + 2$$

$$f(x) = -x + 5$$

$f(x) = ax + b$와 같은 일차함수가 직선으로 그려지는 과정은 앞에서 살펴보았습니다. 여기에 해석기하학에서 살펴본 내용을 떠올려 봅시다. 직선을 나타내는 식, $y = mx + n$을 이야기하면서 기울기가 양수이면 x값이 증가할 때마다 y 값도 함께 증가하기 때문에 직선이 오른쪽 위를 향한다는 것을 확인했습니다. 반대로 기울기가 음수이면 직선이 오른쪽 아래를 향한다고 했지요.

따라서 $f(x) = \frac{1}{2}x + 2$와 $f(x) = -x + 5$의 그래프의 방향이 다르게 나타나는 것을 확인할 수 있습니다. 이를 응용하면 함수 $f(x) = ax + b$에서 a가 양수와 음수일 때 그래프의 방향을 예측할 수 있습니다.

이차함수의 그래프

이번에는 이차함수 $f(x) = ax^2 + bx + c$의 그래프를 살펴봅시다. x가 1, 2, 3…일 때, 나아가 x가 0.1, 0.01, 0.00001…일 때 y값을 좌표평면에 점으로 나타낸 후 이를 연결하면 다음 그림과 같이 포물선 모양이 그려집니다. 이때, x^2에 곱해진 수, 즉 a가 0보다 크면 첫 번째 그래프처럼 포물선이 아래로 움푹한 모양이 되고, a가 0보다 작으면 두 번째 그래프처럼 위로 볼록한 형태가 됩니다.

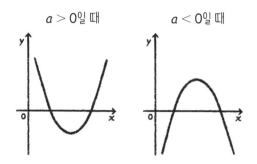

$a > 0$일 때 $a < 0$일 때

삼차 이상의 다항함수의 그래프

삼차함수는 $f(x) = ax^3 + bx^2 + cx + d$와 같은 형태의 식을 가집니다. 그런데 다음 그래프처럼 삼차함수의 그래프는 직선, 포물선 등의 특정한 도형으로 그려지는 것이 아니라 여러 가지 곡선의 형태로 그려집니다. 삼차함수뿐 아니라 사차함수, 오차함수 등 삼차 이상의 함수는 식이 길어지는 만큼 그래프의 모양도 복잡합니다.

$a > 0$일 때

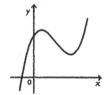 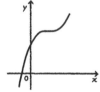 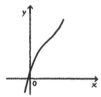

$a < 0$일 때

2. 특수 함수의 그래프

이번에는 특수한 함수의 그래프에 대해 알아봅시다.

삼각함수 그래프

삼각함수는 직각삼각형의 비율로 약속합니다. 다음과 같은 직각삼각형이 있다고 생각해 봅니다. 직각삼각형의 가장 긴 변 c는 빗변이 되고, a는 밑변, b는 높이가 됩니다. 이때, a와 c가 이루는 각도를 θ(세타)라고 합시다.

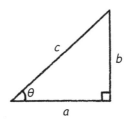

이때 각 변의 비인 삼각비 사인(sine), 코사인(cosine), 탄젠트(tangent)를 다음과 같이 정의합니다.

$$\sin\theta = \frac{\text{높이}}{\text{빗변}} = \frac{b}{c}$$

$$\cos\theta = \frac{\text{밑변}}{\text{빗변}} = \frac{a}{c}$$

$$\tan\theta = \frac{\text{높이}}{\text{밑변}} = \frac{b}{a}$$

θ에 따라 달라지는 삼각함수를 그래프로 나타내면 다음과 같습니다.

$f(x) = \sin\theta$의 그래프

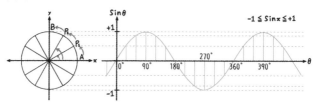

$f(x) = \cos\theta$의 그래프

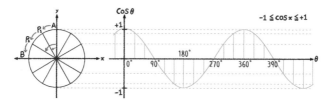

$f(x) = \tan\theta$의 그래프

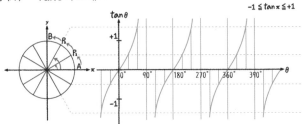

지수함수의 그래프

지수함수는 변수 x가 지수의 자리에 있는 함수를 의미합니다. 예를 들어 $f(x) = 3^x$이라는 지수함수의 경우 x가 $1, 2, 3\cdots$으로 변할 때 y값은 $3^1, 3^2, 3^3\cdots$을 가집니다. 지수함수의 그래프는 다음과 같은 모양을 가집니다.

지수함수 $f(x) = a^x$의 그래프

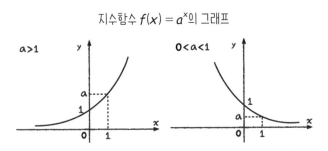

로그함수의 그래프

로그함수는 어떤 수를 나타내기 위해 고정된 밑을 몇 번 곱해야 하는지를 나타내는 함수입니다. 예를 들어 '3을 몇 번 곱해야 81이 되는가'를 식으로 나타내면 $\log_3 81$이고 3^4이 81이므로 $\log_3 81$은 4입니다. 로그함수의 그래프는 다음과 같은 모양들로 그려집니다.

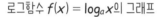

로그함수 $f(x) = \log_a x$의 그래프

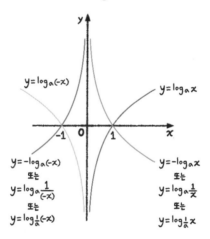

3. 함수 그래프의 활용

함수를 그래프로 나타내는 이유는 함수식이 계산된 값의 변화를 한눈에 파악할 수 있기 때문입니다. 이러한 장점은 우리 생활에서도 유용하게 활용되고 있습니다.

미국 샌프란시스코와 마린반도를 연결하는 다리인 금문교는 세계적으로 유명한 다리 중 하나입니다. 금문교와

같은 다리를 현수교라고 하는데, 현수교는 2개의 탑 사이에 굵은 케이블을 늘어진 형태로 연결하고 여기에 길을 매다는 방식으로 만들어집니다. 계곡 사이를 연결하는 구름다리 역시 간단한 형태의 현수교라고 할 수 있지요. 인천의 영종 대교, 부산의 광안 대교도 대표적인 현수교입니다.

그런데 이러한 현수교는 어떻게 설계할까요? 2개의 탑을 세운 후 케이블을 걸어 적당하게 늘어뜨리면 되겠지만, 규모가 거대할 경우 어느 정도가 적당한지 가늠하기가 어렵습니다. 금문교의 경우 다리 길이만 총 2789m이고, 케이블을 연결하는 두 탑 사이의 거리도 1280m나 된답니다. 차가 다니는 길을 지탱해야 하는 케이블의 무게도 어마어마합니다. 사람이 직접 탑 양쪽에서 동시에 케이블을 잡고 늘여서 적당한 높이를 결정하는 건 불가능하겠지요.

이때 필요한 것이 바로 식을 그래프로 나타내는 것입니다. 다리를 설계할 때 케이블을 늘어뜨리는 정도, 케이블의 길이 등은 수학적으로 정확하게 계산되어야 합니다.

특히 현수교는 두 탑 사이에 연결된 케이블의 늘어진 모양이 포물선 형태라 이차함수식인 $y = ax^2 + bx + c$의 그래프가 활용됩니다. 실제 금문교의 두 탑 사이에 연결된 케이블을 나타내는 공식은 다음과 같답니다.

$$y = 0.00037109375x^2 - 0.475x + 227$$

이 식을 컴퓨터 프로그램을 통해 정교하게 그래프로 나타내면 금문교의 설계도를 완성할 수 있습니다.

정리하기 | **함수식과 그래프**

1. 식을 그래프로 표현하여 두 수의 관계를 연구하는 수학의 분야를 해석학이라고 합니다.

2. 해석기하학과 해석학에서 좌표는 서로 다른 의미를 갖습니다. 가령 (1, 4)라는 좌표가 있을 때 해석기하학에서는 점의 위치를 나타내는 반면, 해석학에서는 x값이 1일 때, 계산된 y값이 4라는 것을 의미합니다.

3. 두 집합의 원소들 사이에 대응 관계가 성립할 때 이를 함수라고 합니다.

4. $f(x) = ax + b$와 같은 일차함수의 그래프는 직선 모양입니다. a가 양수이면 오른쪽 위를 향하고 a가 음수이면 오른쪽 아래를 향합니다.

5. $f(x) = ax^2 + bx + c$와 같은 이차함수의 그래프는 포물선 모양입니다. a가 양수이면 아래로 움푹한 모양이고, a가 음수이면 위로 볼록한 모양입니다.

6. 삼차 이상의 함수 그래프는 여러 가지 곡선의 형태로 그려집니다.

7. 특수 함수인 삼각함수, 지수함수, 로그함수 등도 특정한 모양의 그래프로 나타낼 수 있습니다.

가정에서 위성 텔레비전을 보기 위해 설치하는 안테나를 본 적이 있나요? 안테나는 곤충의 '더듬이'를 의미하는 말이에요. 전파를 잡는 역할을 한다는 데서 이런 이름이 붙었지요. 안테나 중에서도 '접시 안테나'라고 부르는 파라볼라 안테나는 위성 중계 텔레비전을 볼 수 있게 해 주는 안테나입니다. 파라볼라 안테나의 안쪽은 포물선 모양으로 설계되어 있습니다.

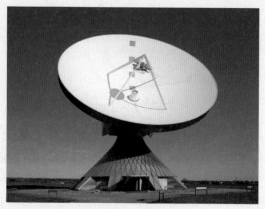

파라볼라 안테나의 모습.

방송국에서 보낸 전파 신호는 안테나에 모여 다시 텔레비전 안에서 화면으로 구현됩니다. 그런데 방송국과 텔레비전을 시청하는 곳의 거리가 너무 멀거나 중간에 장애물이 많으면 방송 신호가 약해지지요. 안테나는 바로 이러한 문제를 해결해 줍니다. 안테나는 여러 방향에서 오는 전파 신호를 한 점으로 모아 전파를 크게 만들어 줍니다. 아래 그림을 살펴볼까요? 외부에서 들어오는 전파 신호가 안테나의 벽에서 굴절되어 가운데 한 점으로 모이는 것을 볼 수 있습니다. 이 점이 모든 전파 신호가 모여 전파의 크기가 가장 크게 되는 곳이지요.

포물선의 초점

파라볼라 안테나의 형태가 포물선 모양인 이유도 바로 이 때문이랍니다. 평면이 아닌 곡면으로 이뤄진 안테나의 접시는 여러 방향에서 오는 전파를 한 점으로 모아 줍니다. 이 점을 기하학에서는 포물선의 '초점'이라고 하지요. 포물선의 초점에 텔레비전 수신기를 연결해 설치하면 외부에서 들어오는 작은 신호도 증폭시킬 수 있어 통신의 효율을 높일 수 있습니다. 포물선의 초점을 찾는 데 활용되는 함수식이 무엇인지 혹시 짐작할 수 있나요? 바로 우리가 앞에서 배운 이차함수의 그래프와 그 식입니다.

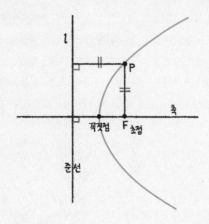

우리가 재미있게 보는 텔레비전 역시 함수의 그래프와 관련 있다니 신기하지요? 이처럼 수학 개념은 교과서 속에서만 존재하는 것이 아니라, 우리 삶과 밀접한 관련이 있다는 것을 꼭 기억하세요.

4부

그래프의 변화와 미분

미분은 고등학교 『수학Ⅱ』에서 배우는 내용입니다.

지금까지 우리는 그래프와 관련한 내용들을 살펴보았어요. 이제부터는 그래프에서 한 걸음 더 나아가 보려고 합니다. 바로 미분에 대한 이야기입니다.

미분은 자연과 사회의 여러 현상을 연구하는 데 유용하게 사용됩니다. 날씨 예측, 물체가 떨어질 때의 움직임 등 연속해서 변하는 모든 것들의 변화 상태를 나타낼 수 있는 방법이 바로 미분입니다. 미분은 움직이는 세계를 다루는 분야이기에, 좌표의 개념이 도입되고 나서 비로소 발명될 수 있었습니다. 미분은 수학의 역사에서 중요한 발명 중 하나로 여겨지지요. 미분을 이해하기 위해 함수의 그래프를 배운다고 해도 과언이 아닐 정도랍니다. 함수 그래프의 개념을 완성하는 미분에 대해 알아봅시다.

미분의 발명

17세기 유럽의 많은 수학자들은 각자의 방법으로 미적분을 발전시키고 있었습니다. 이는 당시 물리학의 발전과 연결되어 있지요. 앞서 갈릴레이가 포탄이 떨어지면서 만들어지는 포물선 모양을 연구했다고 했지요? 이처럼 포탄의 전체 이동 모양을 예측하기 위해서는 포탄이 순간적으로 움직이는 속도와 방향을 이해하는 것이 중요했습니다. **순간의 변화를 수학적으로 분석하는 것과 관련한 연구가 바로 미분입니다.**

지금 우리가 사용하는 현대적 의미의 미분에 대한 아이디어를 최초로 떠올린 사람은 17세기 프랑스의 수학자 피에르 드 페르마로 알려져 있습니다. 하지만 미분과 관련한 기본 이론을 엄밀하게 정립한 것은 17세기의 두 수학자, 영국의 아이작 뉴턴과 독일의 고트프리트 라이프니츠입니다.

우선 뉴턴이 어떻게 미분의 개념을 떠올렸는지 알아봅시다. 뉴턴은 물리학을 연구하는 과정에서 미분을 발명했습니다.

1665년, 유럽에 흑사병이 유행하면서 영국에서만 10만 명 가까운 사람이 사망하게 됩니다. 당시 뉴턴은 케임브리지 트리니티칼리지에 다니고 있었습니다. 학교는 흑사병을 이유로 임시 휴교령을 내렸고, 뉴턴은 고향인 울즈소프로 돌아갑니다. 그곳에 머물면서 천체의 움직임에 대해 본격적으로 연구하게 되지요.

지금은 지구가 타원 모양의 궤도를 따라 태양을 공전한다는 것이 정설로 여겨집니다. 그런데 1500년대까지만해도 사람들은 모든 행성이 원 모양의 궤도를 그리며 공전한다고 생각했어요.

행성이 타원 모양으로 공전한다는 것은 독일의 천문학자 요하네스 케플러가 밝혔습니다. 케플러는 스승 튀코 브라헤가 평생 축적한 화성 관측 자료를 통해 화성의 공전 궤도가 타원이라는 걸 알아냈지요. 그런데 관측 자료만으로는 모든 행성이 타원으로 공전한다고 이야기하기 어려웠어요. 세상의 모든 행성을 관찰하기 어려울 뿐더러 지구로부터 너무 멀리 떨어진 행성은 공전 궤도가 거의 원처럼 보이기도 했으니까요.

뉴턴은 케플러의 주장을 토대로 행성의 움직임을 관찰하고, 이를 수학적으로 증명하기 위해 1666년에 미분을 만들었습니다. 뉴턴의 미분은 행성의 순간적인 움직임을 수학적으로 계산하는 것과 관련이 있습니다. 물체의 위치, 속도, 가속도, 물체에 작용하는 힘 등을 미분으로 분석하여 행성의 궤도가 타원임을 증명한 것이지요.

그러나 뉴턴은 이 내용을 학계에 발표하지 않고 몇몇 지인들에게만 알렸습니다. 다만 뉴턴은 1687년 펴낸 책 『프린키피아』에 미분을 사용하여 계산한 내용들을 소개했습니다.

뉴턴이 물체의 움직임을 설명하기 위해 아주 작은 시간 간격 사이의 변화를 미분의 개념으로 설명한 반면, 라이프니츠는 좌표평면 위에서 도형의 모양을 설명하기 위해 미분을 생각해 냈습니다. 좌표평면 위의 도형의 모양은 순간적으로 도형이 변화하는 모양들을 모두 합친 것으로 생각할 수 있습니다. 따라서 순간적으로 그래프가 변화하는 모양을 이해하는 것은 전체 그래프의 형태를 이해하는 첫걸음이라고 할 수 있지요. 지금 우리가 수학에서 배우는 미분은 라이프니츠의 수학적 접근과 동일합니다. 라이프니츠는 미분의 기초 개념과 기호들을 수학적으로 정리했고, 1675년 「분수에도 무리수에도, 장애 없이 적용할 수 있는, 극대와 극소. 또한 접선에 대한 새로운 방법, 그리고 그것을 위한 특이한 계산법」이라는 논문을 통해 미분법을 발표했습니다.

이를 본 영국 수학자들은 라이프니츠가 뉴턴의 미발표 논문을 몰래 읽고 뉴턴의 아이디어를 훔쳤다고 생각했습니다. 1673년 런던 왕립학회를 방문한 라이프니츠가 뉴턴이 발표하지 않은 미분 논문들을 보았던 것으로 알려져 있고, 1676년 뉴턴은 라이프니츠에게 미분에 대해 설명하는 편지를 보내기도 했기 때문입니다. 하지만 미분과 관련한 논문을 먼저 발표한 것은 라이프니츠이기 때문에 독일 수학자들은 라이프니츠가 먼저 미분을 발명했다고 주장했습니다.

미분을 누가 발명했는지 알아내기 위해 라이프니츠에게 미분을 배운 수학자 야코프 베르누이는 미분의 개념을 이용해야만 풀 수 있는 문제를 만들어 유럽의 여러 수학자들에게 이 문제를 보냅니다. 당시 겨우 4명만 이 문제를 풀었는데 그중 한 사람은 라이프니츠였습니다. 그런데 4명 중 또 다른 한 사람은 이름을 쓰지 않고 베르누이에게 정답이 담긴 편지를 보냈습니다. 베르누이는 편지를 받고 "사자는 발톱만 봐도 알 수 있다."라며 편지의 주인이 뉴턴임을 알아챘다고 합니다. 분명 뉴턴과 라이프니츠 모두 미분의 개념을 알고 있었던 것이지요.

미분을 누가 발명한 것인지를 놓고 영국 수학자들과 독일 수학자들의 다툼은 점점 격해졌습니다. 뉴턴과 라이프니츠 역시 서로를 원수처럼 여겼다고 합니다. 둘 중 누가 미분의 개념을 만들었는지에 대한 논쟁은 100년이 넘게 지속되었고, 1820년에 이르러 두 사람 모두 각자 독립적으로 발명했다고 합의하면서 두 사람은 미분의 동시 발명자로 기록되었답니다.

② 순간의 변화를 계산하기

　우리가 지금 배우는 미분 개념의 대부분은 수학적으로 미분을 이해한 라이프니츠의 방법이랍니다. 미분 기호 역시 라이프니츠가 만든 것을 사용하고 있지요. 라이프니츠의 방법을 통해 미분을 이해해 볼까요?

1. 평균변화율

좌표평면의 x축을 시간이라고 하고, y축을 속도라고
해 봅시다. 자동차는 멈추어 있는 상태에서 출발하여 속
도를 줄였다가 높였다가를 반복하면서 이동했습니다. 출
발한 지 6시간 지난 시점에서의 속도는 시속 100km였습
니다. 그렇다면 출발한 지 2시간이 지난 시점에서의 속도
는 얼마였을까요? 3시간 지난 시점에서의 속도는요? 이
처럼 순간적으로 변하는 양을 알아내는 방법이 바로 라이
프니츠가 생각한 미분의 개념입니다.

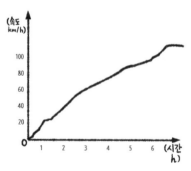

미분을 이해하기 위해서는 우선 '평균변화율'이라는 개념을 알아야 합니다. 미분에 대한 고민은 잠시 접어 두고 평균의 개념부터 알아봅시다.

평균은 자료의 특징을 나타내는 하나의 방법입니다. 튀어나온 곳의 흙을 덜어내 움푹 파인 곳을 채워 땅을 평평하게 만드는 것처럼 **평균은 여러 자료들의 중간 값을 찾는 것을 의미합니다.**

예를 들어, 다음 두 모둠의 줄넘기 횟수를 비교한다고 해 봅시다.

1모둠 줄넘기 횟수

이름	나영	원재	소연	봉석	혜령	준호
횟수	53	27	35	41	33	40

2모둠 줄넘기 횟수

이름	서원	유주	재혁	보경	민석	현진
횟수	36	52	30	29	28	37

두 모둠의 줄넘기 횟수를 어떻게 비교할 수 있을까요? 학생들의 줄넘기 횟수를 일일이 비교하기에는 복잡합니다. 반면 평균을 내 보면 두 모둠의 줄넘기 횟수를 쉽게 비교할 수 있습니다.

모든 자료의 값을 더한 후 자료의 수, 즉 학생 수로 나누면 평균을 구할 수 있습니다. 1모둠 학생들의 줄넘기 횟수를 모두 더하면 229이고, 이를 다시 1모둠 학생 수인 6으로 나누면 1모둠의 평균은 38.17이 됩니다. 같은 방법으로 2모둠의 평균을 구하면 35.33이 되지요. 평균을 사용하면 개개인의 점수를 비교할 수는 없지만 전체적으로 1모둠의 줄넘기 횟수가 2모둠보다 많다는 것은 알 수 있습니다.

평균의 개념을 이해했으니 이제 평균변화율의 개념을 살펴봅시다. 자동차의 속도 그래프에서 자동차가 시속 100km에 도달하기까지 속도가 제각각으로 변하지만 출발 1시간 후부터 6시간까지 5시간 동안 속도가 시속 20km에서 시속 100km로 증가한 것을 알고 있습니다. 5시간 동안의 거리를 갈 때 속도가 시속 80km 증가했으므로, 자동

차 속도의 변화의 비율, 즉 변화율은 다음과 같이 나타낼
수 있습니다.

$$변화율 = \frac{속도의\ 변화량}{시간의\ 변화량}$$

그래프에서 자동차가 움직인 시간은 x축에 나타나 있
고 속도는 y축에 표시되어 있습니다. 따라서 변화율은 다
음과 같이 나타낼 수도 있겠군요.

$$변화율 = \frac{속도의\ 변화량}{시간의\ 변화량} = \frac{y의\ 변화량}{x의\ 변화량}$$

그런데 그래프에서 $\frac{y의\ 변화량}{x의\ 변화량}$은 직선의 기울기를 나
타냅니다. 따라서 자동차의 5시간 동안 변화율을 다음 그
래프와 같이 직선의 형태로 나타낼 수 있습니다. 이때, 변
화율은 자동차가 5시간 동안 순간적으로 변하는 속도들
을 평균한 값이므로 특별히 평균변화율이라고 합니다.

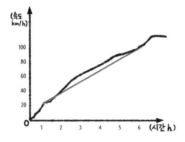

위 그래프의 x축에서 자동차가 1시간 달린 지점을 a, 6시간 달린 지점을 b라고 합시다. 그리고 자동차가 a에 있을 때의 속도, 즉 y축의 값 시속 20km를 $f(a)$라고, b에 있을 때의 속도를 $f(b)$라고 해 볼까요? 이때, 평균변화율은 다음과 같이 일반적인 식으로 나타낼 수 있습니다.

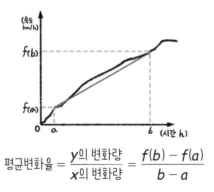

$$평균변화율 = \frac{y의 \ 변화량}{x의 \ 변화량} = \frac{f(b) - f(a)}{b - a}$$

2. 접선의 기울기, 도함수

미분은 '작다'라는 뜻의 한자 미(微)와 '나누다'라는 의미의 한자 분(分)을 합쳐 '작게 나누다'라는 뜻을 가지고 있습니다. 그런데 미분은 함수에서 대체 무엇을 작게 나누는 걸까요? 바로 평균변화율에서 x의 변화량을 한없이 작게 만드는 것을 의미합니다. 앞서 라이프니츠가 주목한 것은 순간의 변화라고 했지요? 예를 들어 5시간 동안 속도의 평균변화율이 아니라 50분, 5분, 5초로 시간을 점점 작게 잘라 속도의 평균변화율을 알아보면 순간의 속도 변화를 알 수 있게 되지요.

다음 그래프를 통해 x의 변화량을 한없이 작게 만드는 것을 살펴봅시다. x축 위의 a, b의 거리가 점점 줄어드는 것이지요.

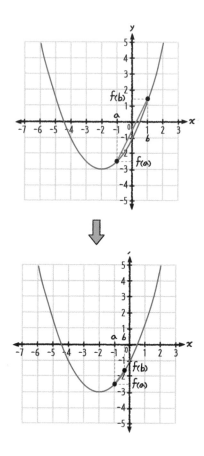

a, b의 거리가 점점 줄어들어 눈으로 확인하기 어려울
정도까지 가까워지면 평균변화율은 어떻게 될까요? 두

점이 가까워지면 두 점 사이의 거리를 나타낸 직선 역시
점처럼 보일 거예요.

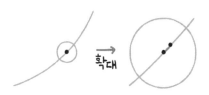

두 점 사이의 거리가 짧아서 점처럼 보인다.

두 점 사이의 거리가 짧아지면 평균변화율을 나타낸
선 역시 눈으로 보이지 않을 정도로 작아지니 평균변화율
을 나타낸 선을 길게 늘여 봅시다. 두 점 a, b가 가까워져
서 마치 한 점처럼 보이기 때문에 두 점을 연결한 평균변
화율 역시 그래프의 한 점에 닿은 직선처럼 보입니다. 즉,
평균변화율은 접선의 기울기로 생각할 수 있지요.

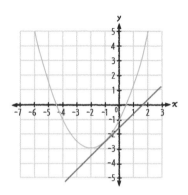

앞에서 우리는 평균변화율을 다음과 같이 식으로 나타낼 수 있다는 것을 확인하였습니다.

$$평균변화율 = \frac{y의\ 변화량}{x의\ 변화량} = \frac{f(b) - f(a)}{b - a}$$

그렇다면 두 점 a, b 사이의 거리가 점점 작아져 마치 점과 같이 될 때의 평균변화율은 어떻게 식으로 나타낼 수 있을까요? 위 식에서 분모에 있는 x의 변화량은 0이 될 수 없습니다. 분모가 0인 분수는 없으니까요. 그러나 $b - a$가 한없이 작아져 0에 가까워지면 평균변화율이 접선의 기울기로 나타납니다. 곡선으로 그려진 그래프에서 접선의 기울기는 계속 변화합니다. 원래 그래프의 모양에 따라 접선의 기울기가 계속 변하므로 그래프 모양과 접선의 그래프 역시 함수 관계에 있다고 할 수 있습니다. '접선의 기울기'라고 이야기할 경우 계속해서 변하는 기울기의 특징을 나타낼 수 없으므로 **미분에서 접선의 기울기는 함수 앞에 '이끌다'라는 의미의 한자 도(導)를 붙여 '도함수(導函數)'라고 합니다.** 함수의 그래프를 그리기 위해 먼저 알고 있어야 하는 함수라는 뜻이지요.

이때 그래프 위 특정한 점에서의 도함수 값을 미분계수(微分係數)라고 합니다. 미분한 결과에 매여 있는(係) 수(數)라는 의미를 가지고 있습니다. 즉, 미분은 도함수를 구하는 계산 방법입니다.

도함수는 $f'(a)$로 나타냅니다. 이때, $b - a$를 한없이 0에 가깝게 하는 것은 b가 a에 가까워지는 것을 의미합니다. b가 a에 한없이 가까워지는 것은 기호 lim를 이용해 다음과 같이 나타냅니다. lim는 '한계'를 의미하는 영어 단어 limit(리미트)를 줄여 쓴 것입니다.

$$f'(a) = \lim_{b \to a} \frac{f(b) - f(a)}{b - a}$$

도함수를 구하는 방법에는 여러 가지 수학 공식들이 사용됩니다. 이 책에서는 미분의 계산과 관련된 수학 공식까지는 다루지 않습니다. 다만 여러분이 미분의 개념만 정확하게 알고 있다면 공식으로 미분을 계산하는 방법도 거뜬히 이해할 수 있을 거예요.

3. 다양하게 활용되는 미분

함수의 미분은 그것의 도함수를 도출해 내는 과정을 의미했습니다. 도함수는 함수의 그래프에서 접선의 기울기를 의미하는데, 이는 움직이거나 변화하는 것의 순간을 보여 주는 것이라 할 수 있지요. 이러한 미분은 우리 실생활 속에 이미 중요하게 쓰이고 있답니다.

우선 미분은 여러분이 좋아하는 애니메이션 영상을 만드는 데 사용됩니다. 컴퓨터와 스마트폰을 만드는 미국 기업 애플의 대표였던 스티브 잡스는 픽사라는 영화사를 운영하기도 했습니다. 픽사는 「토이 스토리」 시리즈와 「니모를 찾아서」 등의 애니메이션을 만든 곳입니다. 스티브 잡스가 영화사 대표가 되어 가장 먼저 한 일은 수학자들을 채용하는 일이었답니다. 수학자들은 해석기하학을 이용해 그림을 수식으로 변환했습니다. 그렇게 변환한 수식을 미분해 변화량을 예측하는 기술을 개발하고 애니메이션 안의 캐릭터들의 움직임을 더 정교하게 만들었다고 합니다.

미분은 비행기의 제동 거리를 계산하는 데에도 활용됩

니다. 제동 거리는 비행기가 활주로에 내려 브레이크를 작동할 때부터 완전히 정지할 때까지의 거리를 의미합니다. 비행기의 제동 거리는 비행기의 속력, 무게, 바람의 방향, 지면의 상태에 영향을 받습니다. 비행기의 제동 거리를 정확하게 계산해서 활주로의 착륙 지점을 찾아야 비행기가 활주로를 벗어나는 것을 예방할 수 있습니다. 이러한 제동 거리에 영향을 주는 요인들을 포함한 함수 식을 미분하여 제동 거리를 계산하는 것이지요.

또 운동선수들이 사용하는 기구를 만들 때에도 미분이 활용됩니다. 운동선수의 속도 변화 및 움직임에 영향을 주는 요인들을 포함하여 함수 식을 만들고, 운동선수가 가장 최적의 움직임을 나타낼 수 있는 순간을 미분으로 계산하는 것이지요.

이 외에도 미분은 우리 생활과 밀접한 관련이 있습니다. 따라서 미분을 이해하는 것은 수학자들만의 몫이 아니랍니다. 애니메이션 작가, 파일럿, 운동선수 등 언뜻 수학과 관련이 없어 보이는 직업 역시 미분과 밀접한 관련이 있으니까요.

 정리하기 | **미분**

1. 그래프의 두 점이 점점 가까워질 때, 두 점 사이의 평균변화율을 구하는 방법을 미분이라고 합니다.

2. 미분에서 접선의 기울기는 함수 앞에 '이끌다'라는 의미의 한자 도(導)를 붙여 '도함수(導函數)'라고 합니다. 미분은 도함수를 계산하는 방법입니다.

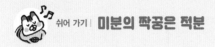

미분은 항상 적분이라는 단어와 짝꿍처럼 함께합니다. 미분과 적분이 서로 역연산 관계에 있기 때문입니다. 어떤 연산을 거꾸로 하는 것을 역연산이라고 합니다. 예를 들어, 2 + 4 = 6에서 6을 거꾸로 2로 만들기 위해서는 더했던 4를 빼야 합니다. 6 − 4 = 2처럼 말이에요. 이때 덧셈과 뺄셈을 역연산이라고 합니다. 미분과 적분 역시 서로 역연산 관계입니다.

미분은 '아주 작게 자른다'는 뜻을 가지고 있는 반면 적분(積分)은 작은 것을 '쌓아 올린다'는 의미를 가지고 있어요. 미분과 적분의 관계를 밝힌 수학자는 뉴턴입니다. 17세기 말 뉴턴은 물리학을 연구하면서 속도와 운동의 관계를 분석하던 중 미적분의 관계를 발견합니다.

자동차의 속도의 변화를 나타낸 그래프를 살펴보면서 미분과 적분의 관계를 알아봅시다. 다음 속도와 시간의 그래프에서 색칠된 부분의 넓이는 이동 거리를 의미합니다. 이동 거리는 속도와 시간을 곱해 구할 수 있지요. 예를 들어, 한 시간 동안 40km를 가는 차가 2시간 동안 움직인 이동 거리는 40km/h × 2h = 80km, 즉 80km입니다. 다음 그래프에서 색칠된 부분의 넓이를 구하기 위해서는 어떻게 해야 할까요? 넓이를 시간에 대해 아주 작게 자른 후 자른 면적들을 이어 붙여 구할 수 있어요. 이것이 바로 적분이지요.

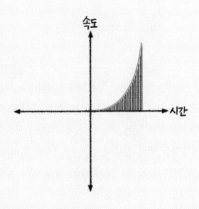

이번에는 자동차의 위치를 시간을 기준으로 아주 작게 나누어 살펴봅시다. 시시각각 변하는 이동거리를 1초, 0.1초…, 0.0000001초와 같이 아주 작게 나눈다면 위치가 시각별로 순간순간 변하는 양, 즉 그 시간대에 자동차의 순간 속도를 알 수 있습니다. 어떤 양을 아주 작게 나누어 순간의 변화하는 양을 살펴보는 것을 '미분'이라고 했습니다. 즉, 자동차의 변하는 위치와 속도 사이에는 다음의 관계가 성립합니다.

$$\text{순간 속도} \xleftarrow[\text{미분}]{\text{적분}} \text{이동 거리}$$

뉴턴은 이러한 내용을 확장해 모든 미분과 적분이 서로 역관계에 있다는 것도 밝혀냈습니다. 그래프뿐만 아니라 식을 이용해서도 미분과 적분의 관계를 설명했답니다. 그래서 우리가 학교에서 미분을 배울 때 적분과 함께 배우는 것이랍니다.

이미지 정보   120면 Rich Niewiroski Jr.(commons.wikimedia.org)

                124면 Richard Bartz.(commons.wikimedia.org)

수학 교과서 개념 읽기

그래프 막대그래프에서 미분까지

초판 1쇄 발행 | 2021년 1월 22일
초판 2쇄 발행 | 2021년 1월 29일

지은이 | 김리나
펴낸이 | 강일우
책임편집 | 이현선
조판 | 신성기획
펴낸곳 | (주)창비
등록 | 1986년 8월 5일 제85호
주소 | 10881 경기도 파주시 회동길 184
전화 | 031-955-3333
팩시밀리 | 영업 031-955-3399 편집 031-955-3400
홈페이지 | www.changbi.com
전자우편 | ya@changbi.com

ⓒ 김리나 2021
ISBN 978-89-364-5939-0 44410
ISBN 978-89-364-5936-9 (세트)